码上学技术·农作物病虫害快速诊治系列

蔬菜病虫害
诊断与防治原色图谱

夏声广 编著

中国农业出版社
北 京

图书在版编目（CIP）数据

蔬菜病虫害诊断与防治原色图谱/夏声广编著. —北京：中国农业出版社，2023.8（2025.1 重印）
（码上学技术.农作物病虫害快速诊治系列）
ISBN 978-7-109-30920-3

Ⅰ.①蔬…　Ⅱ.①夏…　Ⅲ.①蔬菜－病虫害防治－图谱　Ⅳ.①S436.6-64

中国国家版本馆CIP数据核字（2023）第132292号

SHUCAI BINGCHONGHAI ZHENDUAN YU FANGZHI YUANSE TUPU

中国农业出版社出版
地址：北京市朝阳区麦子店街18号楼
邮编：100125
责任编辑：阎莎莎　杨金妹　张洪光
版式设计：杜　然　　责任校对：刘丽香　　责任印制：王　宏
印刷：北京中科印刷有限公司
版次：2023年8月第1版
印次：2025年1月北京第2次印刷
发行：新华书店北京发行所
开本：880mm×1230mm　1/32
印张：11.25
字数：357千字
定价：79.00元

Foreword

前 言

蔬菜是人们生活中必不可缺的食物，同时又与“菜篮子”工程和重要农产品稳产保供紧密相关。近年来，随着农业种植业结构调整，蔬菜生产得到了迅速发展。不论是蔬菜栽培品种、方式和面积，还是周年生产供应，都发生了较大的变化，其病虫害也随之发生了变化。做好蔬菜病虫害的正确诊断，有助于开展科学防治，减少农药的使用次数和使用量，降低农药残留，提高蔬菜的品质和产量，以获得更大的经济效益和社会效益。然而，蔬菜植保技术的推广远不能满足生产的需要。笔者在进村入户下田和做技术培训时常听到菜农迫切需要切实有用的蔬菜病虫害诊断与防治技术图书。

为了满足菜农的迫切需要，更好地服务蔬菜产业发展，笔者应中国农业出版社之邀，编写了《蔬菜病虫害诊断与防治原色图谱》这部实用科普书。本书以2005年出版的《蔬菜病虫害防治原色生态图谱》一书为基础，通过扩容优选改版而成。《蔬菜病虫害防治原色生态图谱》出版后得到了同行和读者厚爱，先后共印刷8次。本次改版，笔者将十几年来通过不断努力对蔬菜病虫害的调查与观察结果进行了总结，紧贴当前蔬菜病虫害防治实践经验，并能有效指导实践生产。同时吸取众家精华，力求先进性、实用性、可读性。内容上不仅增加了蔬菜病虫害种类，更换了较多图片，同时也对原有病虫害中病害症状、害虫特征及危害状进行了充实和完善，使图片更齐全、清晰度更高，内容更为丰富。文字上力求简洁，做到通俗易懂。本书为全彩版，图文一体，方便读者对照查阅，还增加了展示主要病虫害症状和防治要点的二维码视频，给读者更直观更丰富的阅读体验。

本书阐述了十字花科、茄果类、瓜类、豆类、薯芋类、水生蔬菜类、绿叶菜类与其他类蔬菜等的病虫害诊断与防治技术，其中病害133种，害虫

101种（类），使用了1 000余幅高质量原色生态图片（除署名外，均由夏声广拍摄），清晰呈现了多种蔬菜常见病害不同时期、不同部位危害症状，以及害虫的不同虫态和危害状，直观形象，易学、易懂、易记。适合基层农技推广人员、农药厂商、农资供销商、庄稼医院的医生和菜农使用，也可供农业高等院校学生学习参考，或作为蔬菜生产培训教材。

本书在编写过程中，承蒙各位前辈和同行鼎力相助及读者朋友厚爱，在此表示衷心感谢！限于作者实践经验和专业技术水平，书中难免会有缺点和错误，恳请有关专家、同行、读者批评指正。

夏声广

2023年1月

Contents

目 录

二、茄果类蔬菜病虫害 …… 60

一、十字花科蔬菜病虫害

（一）十字花科蔬菜病害

十字花科蔬菜霜霉病

十字花科蔬菜霜霉病主要危害白菜、菜薹、萝卜、甘蓝等，苗期、成株期均可发生，主要危害叶片，也可危害茎、花、花梗及种荚。

症状：一般先从外部叶片开始发病，病叶表面初期出现边缘不明晰的水渍状褪绿、黄化，逐渐产生不均匀的枯黄斑，病斑边缘不明显。受叶脉限制，扩大后呈多角形淡褐色或黄褐色斑块，潮湿时叶背面或叶正面可产生灰色霉层。病叶由外向内发展，病斑多时可连片，也有破裂，叶缘卷缩，叶干枯，发病严重时田块一片枯黄。大白菜进入包心期后，叶片连片枯死，从外叶至内叶，层层干枯，最后只剩下一个叶球；采种株上，危害叶、花梗、花器及种荚，引起花梗肥肿、弯曲，花器被害后变畸形肥大，花瓣为绿色叶片状，不易凋落，种荚被害后呈淡黄色，瘦小，不结实或结实不良。

小白菜霜霉病前期症状

小白菜霜霉病病叶正面

小白菜霜霉病病叶背面灰白色霉层

花椰菜霜霉病病叶正面

花椰菜霜霉病病叶背面

大白菜霜霉病病叶正面

大白菜霜霉病病叶背面霉层

萝卜叶片受害，多从下部向上部扩展，发病初期先在叶缘出现圆形至多角形褪绿黄斑，扩大后为多角形黄褐色病斑，后叶脉变黑色，最后使叶内变褐，全叶枯死。湿度大时叶背或叶面长出白霉，严重时致叶片干枯。

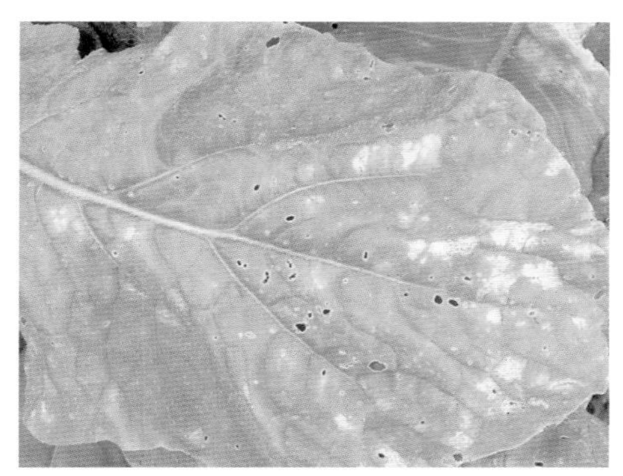

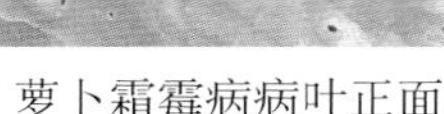

萝卜霜霉病病叶正面

萝卜霜霉病病叶背面霉层

发生规律：该病由霜霉菌侵染所致。病菌以菌丝体及卵孢子随病残体遗留在田间或潜伏在种子上越冬。病菌喜温暖高湿环境，最适发病温度为20 ～ 24℃，空气相对湿度90%以上。栽培上多年连作、播种期过早、氮肥偏多、种植过密、通风透光差，发病重；早晚温差大、多雨多雾、重露、晴雨相隔，则发病重；地势低洼积水，排水不良的地块发病较早且重。该病主要发生在春秋两季，长江中下游地区在4月中旬至5月上中旬为春季发生高峰期，秋季9月初至11月大白菜莲座期至包心期形成发病高峰。

防治方法：①及时清除病苗、杂草，携出田外深埋或销毁。②提倡与其他类蔬菜实行2 ～ 3年轮作。③提倡深沟高畦栽培，适当密植，及时清沟排水，降低田间湿度。温室和大棚等保护地栽培，要合理控制浇水量，适时放风降湿。④播种前可用种子重量0.3%的2.5%咯菌腈悬浮种衣剂拌种包衣，也可使用10毫升上述药剂加水150 ～ 200毫升混匀后拌种5 ～ 10千克，包衣后播种。⑤田间出现中心病株时，应及时喷药保护，每隔7 ～ 10天喷1次，连续喷2 ～ 3次，喷药液时须均匀周到，特别注意叶背和雨前喷药，药剂要交替使用。发病前可选用70%丙森锌可湿性粉剂400 ～ 600倍液，或80%代森锰锌可湿性粉剂600 ～ 800倍液，或68.75%噁酮·锰锌可分散粒剂1 000 ～ 1 500倍液。发病后可选用64%噁霜·锰锌可湿性粉剂500倍液，或68%甲霜·锰锌水分散粒剂600 ～ 800倍液，或72.2%霜霉威水剂1 000倍液，或60%唑醚·代森联水分散粒剂1 000倍液，或72%霜脲·锰锌可湿性粉剂600 ～ 800倍液，或10%氰霜唑悬浮剂2 500 ～ 3 000倍液，或52.5%噁酮·霜脲氰可分散粒剂2 000 ～ 3 000倍液等。

十字花科蔬菜软腐病

软腐病又称"烂葫芦""烂疮瘩""水烂""烂肠瘟"。主要危害十字花科中的白菜、甘蓝、萝卜、花椰菜，还可危害番茄、辣椒、马铃薯、黄瓜、芹菜等。

症状：大白菜多为包心期开始发病，叶柄基部与茎基部交界处首先发病，出现半透明水渍状微黄色病斑，前期症状不明显，随着病情发展，白天植株外围叶片在日光照射下表现萎蔫下垂，但早晚可恢复，几天后病株外叶萎蔫，平贴地面。天气干燥时，病叶可失水呈薄纸状，紧贴叶球，叶球外露。严重时叶柄基部和根茎心髓组织腐烂，充满黄色黏稠物，有臭味，一碰就倒。贮藏期病害继续发展，造成烂窖。

大白菜软腐病发病状

大白菜软腐病心腐症状

大白菜软腐病严重发病状

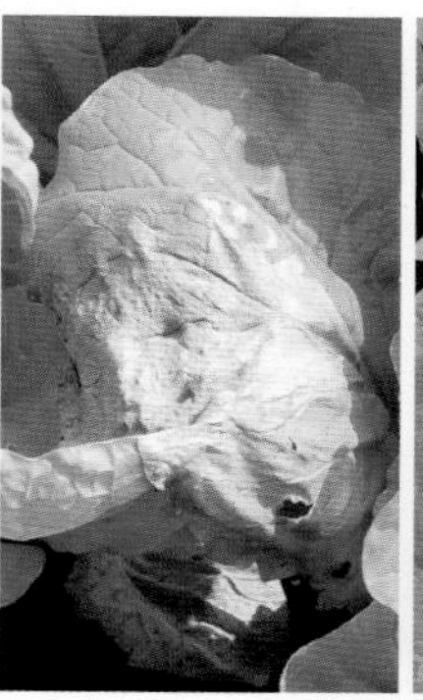

大白菜软腐病干腐症状

小白菜软腐病发病状

小白菜软腐病心腐症状

甘蓝发病一般始于结球期，初在外叶或叶球基部出现水渍状斑，植株外层包叶中午萎蔫，早晚恢复，数天后外层叶片不再恢复，病部开始腐烂，叶球外露或植株基部逐渐腐烂成泥状，或塌倒溃烂，叶柄或根茎基部的组织呈灰褐色软腐，严重的全株腐烂，病部散发出恶臭味，有别于黑腐病。

小白菜软腐病严重发病状

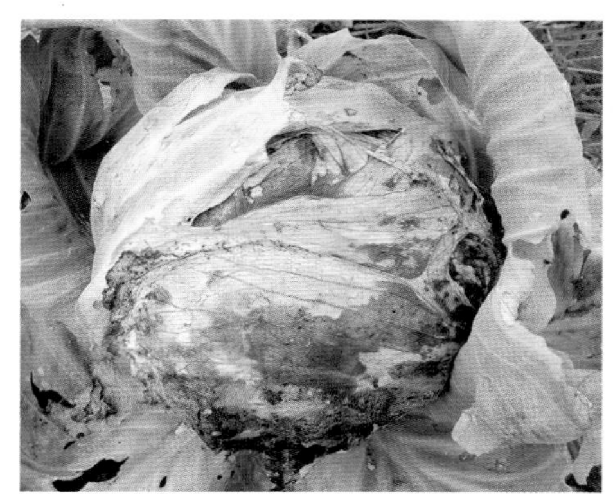

甘蓝软腐病干腐症状

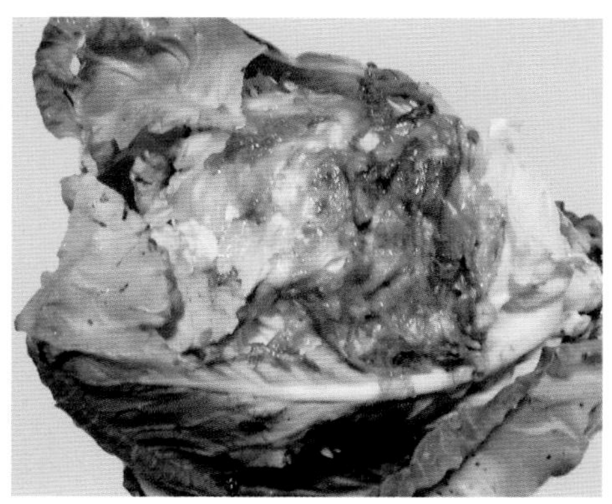

甘蓝软腐病湿腐症状

甘蓝软腐病发病状

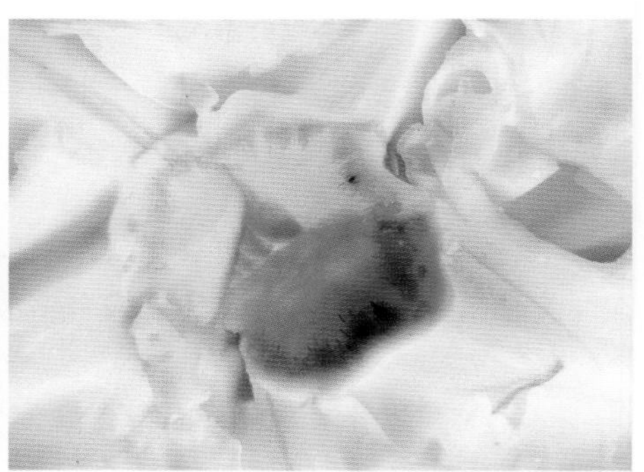
甘蓝软腐病病茎剖面

萝卜软腐病严重发病状

该病主要危害萝卜根、短茎、叶柄及叶。根部多从根尖开始发病，出现油渍状的褐色病斑，发展后使根变软腐烂，病健分界明显，常有汁液渗出，继而向上蔓延致心叶变黑褐色软腐，发病组织呈黏滑的稀泥状；肉质根在贮藏期染病会部分或整个变黑褐色软腐。病菌也可从菜心基部侵入引起发病，而植株外部则发育正常，从菜心开始逐渐向外腐烂发病，最后使外部叶片、叶柄腐烂。此外，植株所有发病部位均发出一股难闻的臭味。

萝卜软腐病根颈腐烂症状（张发成提供）

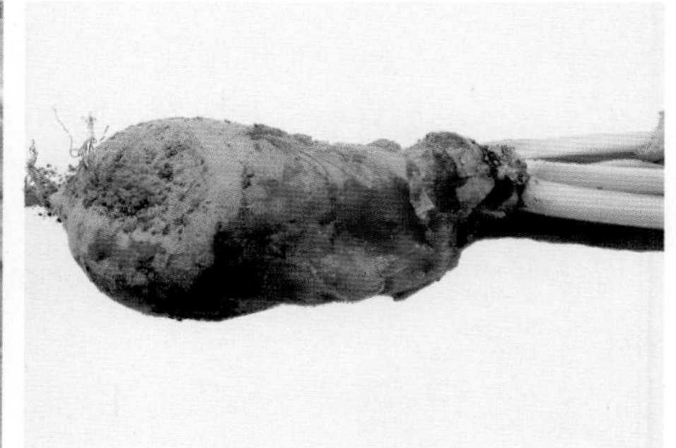
萝卜软腐病肉质根腐烂（张发成提供）

发生规律：病菌随病株残余组织遗留在田间越冬。病菌主要通过昆虫、雨水和灌溉水传播。从寄主机械伤口、虫伤口或自然裂口侵入，进行侵染。黄曲条跳甲、猿叶甲、菜青虫等昆虫取食不仅可造成伤口，而且还传播软腐病。长江中下游地区主要发病高峰在4—11月。连作地、前茬病重、土壤内病菌多发病重；地势低洼积水、排水不良、土质黏重、土壤偏酸易发病；氮肥施用过多，栽培过密，株行间郁闭，通风透光差，育苗用的营养土带菌、有机肥没有充分腐熟或带菌易发病；早春多雨或梅雨来得早、气候温暖、空气湿度大，秋季多雨、多雾、重露或寒流来得早时易发病。幼苗期发病轻，多从莲座期开始发病。

防治方法：①提倡轮作，尽可能回避与十字花科蔬菜连作，与禾本科作物实行2～3年轮作。②选用抗病品种。③推广采用深沟高畦栽培，做到小水勤灌，提倡喷灌，避免漫灌、串灌，减少病菌随水传播的机会。大棚要注意通风换气降湿，适当控制浇水量，浇水应选择晴朗天气进行，浇水后适当通风。田间操作防止人为的机械损伤。④及时收获，及时清除病残体，发现病株及时拔除，拔除后穴内撒石灰灭菌。⑤治虫防病。早期防地下害虫，如金针虫、蝼蛄、蛴螬等，幼苗期开始防黄曲条跳甲、菜青虫、小菜蛾、猿叶甲、甘蓝夜蛾等。⑥从莲座期开始勤查田头，发病初期7～10天喷药1次，发病盛期5～7天喷药1次，连续2～3次。重病田视病情发展，必要时还要增加喷药次数。发病前或初期及时浇灌病株及周围健株，每株0.25～0.5千克。药剂可选用20%噻菌铜悬浮剂500～600倍液，或40%噻唑锌悬浮剂600～800倍液，或47%春雷·氧氯铜可湿性粉剂800～1 000倍液，或33.5%喹啉铜悬浮剂500～800倍液；或每亩*用30%噻森铜悬浮剂100～135毫升，或1 000亿孢子/克枯草芽孢杆菌可湿性粉剂50～60克，或2%春雷霉素可湿性粉剂100～150克。注意喷在近地面和植物茎部，重点喷洒病株基部及地表，使药液流入菜心效果为好。

十字花科蔬菜病毒病

病毒病主要危害白菜、菜薹、萝卜、芥菜、芜菁、花椰菜、甘蓝，蔬菜各生育期均可发病。

症状：幼苗受害首先心叶出现明脉及沿脉褪绿，后产生淡绿与浓绿相

---

* 亩为非法定计量单位，1亩＝1/15公顷≈667米^2。——编者注

间的花叶斑驳，叶面皱缩、质脆，心叶扭曲畸形。成株受害时重病株叶片皱缩，叶硬而脆，外叶呈颜色不均匀的花叶，叶背主、侧脉可产生褐色条斑和黑褐色坏死斑点，外叶黄化。严重时植株矮化、畸形，甚至不能包心结球，或部分疏松结球。重病株根系不发达，须根少。留种株受害后，花梗未抽即死亡，病轻的花梗弯曲、畸形，花梗上有纵横裂口，花早枯、结实少、果荚瘦小，籽粒不饱满，发芽率低。

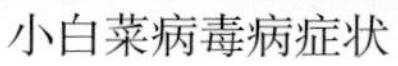

小白菜病毒病症状

花椰菜病毒病症状

萝卜整株发病，心叶初现明脉，叶片叶绿素不均，产生深绿和浅绿相间的斑驳花叶，而且沿叶脉产生耳状突起，整个叶片皱缩，重病株矮化。

萝卜病毒病症状

萝卜病毒病症状

发生规律：病毒可在白菜类、甘蓝类、萝卜等采种株上越冬，也可在保护地十字花科蔬菜及宿根作物如荠菜、菠菜及田边寄主杂草的根部越冬。翌春通过有翅蚜传染，也可通过接触摩擦、农事操作等传播。大白菜苗期易感病，一般7叶期前的幼苗最易感病，特别是苗期遇高温干旱，有利于蚜虫的繁殖、迁飞，传毒频繁，同时不利于大白菜秧苗生长发育，植株抗病力下降，病毒潜育期也短，导致病害早发、重发。莲座期后一般不感病，因此病毒病防治关键时期为幼苗期。长江中下游地区主要发病盛期在春季4—6月，秋季9—12月。

防治方法：①避免十字花科蔬菜相邻而作。②高温干旱季节，苗期应经常灌水，以提高田间湿度，减轻蚜虫危害。③加强栽培管理，增强植株抗病能力。及时拔除病株，培育壮苗。④重点抓好查蚜治蚜工作，切断传毒途径。在7叶期前7～10天，治蚜1次。⑤在发病前或发病初期可喷洒20%盐酸吗啉胍可湿性粉剂400～600倍液，或2%氨基寡糖素水剂300倍液，或1%香菇多糖水剂400倍液，或20%吗胍·乙酸铜可湿性粉剂200～300倍液等，每隔7～10天喷1次，连续喷2～3次，有较明显的抑制病害扩展的效果。

十字花科蔬菜炭疽病

十字花科蔬菜炭疽病主要危害白菜、萝卜、芥菜等蔬菜的叶片和叶柄。

症状：病害通常从基部叶片开始发生，初产生灰白色水渍状小点，后扩大为灰褐色的病斑。病斑中部稍凹陷，边缘灰褐色，稍突起，近圆形。

最后病斑中央呈灰白色，半透明，易穿孔。叶脉上的病斑多发生在叶背面，病斑褐色，纺锤形或条状，凹陷较深。叶柄与花梗上的病斑长圆形至纺锤形或梭形，凹陷较深，中间灰白色，边缘深褐色。严重时整个叶面布满病斑，病斑间可相互融合，形成大而不规则形的斑块，使叶片变黄早枯。潮湿情况下，病斑上能产生淡红色黏质物。

白菜炭疽病前期症状

白菜炭疽病急性期症状

白菜炭疽病病叶

白菜炭疽病叶柄上的病斑

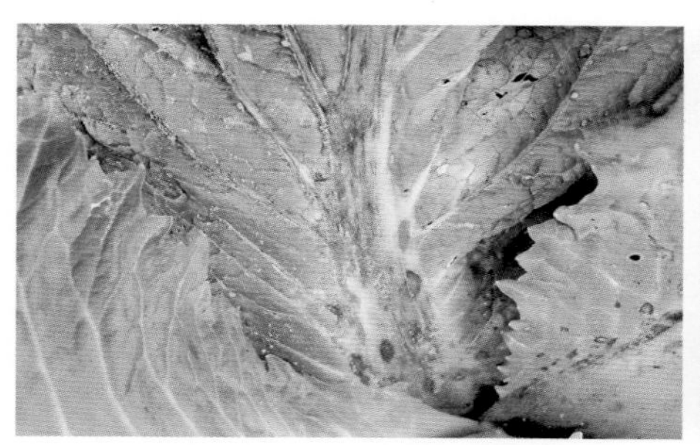

白菜炭疽病严重时病斑相连

白菜炭疽病严重时病斑呈条状

萝卜炭疽病前期症状

萝卜炭疽病后期症状

发生规律：病菌主要以菌丝体随病残体遗留在田间越冬，也能以菌丝体黏附在种子上越冬。种子带菌也是重要的初侵染源，播种带菌的种子，在幼苗期即可发病。病菌发育最适温度为26 ～ 30℃。高温和高湿是该病流行的主要条件，特别是时晴时雨，更易诱发此病。主要发病期在8月中下旬至11月。

防治方法：①发病地块提倡与其他蔬菜实行2 ～ 3年轮作。②从无病留种株上采收种子，在播前要做好种子处理。用54℃温汤浸种5分钟后，立即移入冷水中冷却，晾干后催芽播种。③收获后及时清除病株残体，并携出田外深埋或销毁；深翻土壤，加速病残体腐烂分解。④播种前用50%多菌灵可湿性粉剂600倍液浸种20分钟，后冲洗药液，晾干播种。或用种子重量0.4%的50%多菌灵可湿性粉剂拌种。⑤发病初期及时用药防治，药剂可选用80%代森锰锌可湿性粉剂600 ～ 800倍液，或68.75%唑菌酮·代森锰锌水分散粒剂800倍液，或20%咪鲜胺乳油1 000 ～ 1 500倍液，或10%苯醚甲环唑水分散粒剂1 500倍液，或25%嘧菌酯悬浮剂1 000 ～ 2 000倍液等。每隔7 ～ 10天喷1次，连续喷2 ～ 3次。

十字花科蔬菜黑斑病

黑斑病又称黑霉病，是十字花科蔬菜的常见病害，除危害白菜外，还能危害甘蓝、花椰菜、芥菜、萝卜等。

症状：主要危害叶片，茎、叶柄、花梗和种荚也能受害。多危害老叶，叶片染病多从外叶开始，产生近圆形灰褐色斑。病斑周围产生黄色晕圈，中间有明显的同心轮纹，在潮湿气候条件下，病部长出黑色霉状物。病害严重时，病斑密布全叶，引起叶片穿孔或枯死。茎和叶柄染病，病斑长梭形，呈暗褐色条状凹陷，具轮纹。花梗和种荚感病，出现纵行的长梭形黑色病斑，潮湿时病部也长黑霉。

白菜黑斑病症状

白菜黑斑病严重发病状

甘蓝黑斑病症状

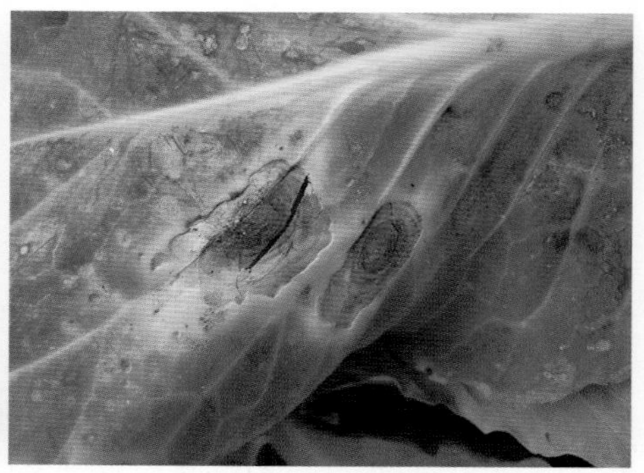

花椰菜黑斑病症状

发生规律：病原菌主要为芸薹链格孢，有较强的腐生能力。菌丝和分生孢子可在病残体或土壤中越冬、越夏；病荚所结的种子也可以带菌。病害的流行要求高湿度和稍偏低的温度（16 ~ 20℃最适）。最适感病生育期在成株期至采收期。以春秋两季发生普遍，特别在寄主衰老的情况下，发展较快，危害也较重。在昼夜温差大及高湿条件下，病害发展迅速。春季雨水较多、田间湿度大，秋季易结露均有利于病害发生。

防治方法：①农业防治。发病地块注意与非十字花科蔬菜轮作。作物收获后彻底清园销毁病残体，翻晒土壤；高畦深沟植菜，增施优质有机底肥，适当增施磷、钾肥。②种子处理。在50℃温汤中浸种约20分钟后，移入冷水中冷却，晾干播种；或用种子重量0.3%的2.5%咯菌腈悬浮种衣剂拌种包衣后播种。③应在大白菜封垄后病害流行前适时用70%代森锰锌可湿性粉剂500倍液，或50%异菌脲可湿性粉剂1 000倍液预防，或发病初期选用2%春雷霉素水剂250 ～ 300倍液，或43%戊唑醇悬浮剂2 000 ～ 2 500倍液，或10%苯醚甲环唑水分散粒剂1 200 ～ 1 500倍液，隔7 ～ 10天喷1次，连续喷2 ～ 3次。

十字花科蔬菜黑腐病

黑腐病是十字花科蔬菜的常见病害，主要危害甘蓝、花椰菜、萝卜、白菜、芥菜和芜菁等。主要危害叶片、叶球或球茎，苗期和成株期均可染病。

症状：幼苗受害，子叶初始产生水渍状斑，后变黄褐色萎蔫状、枯死，根髓部变黑。成株期染病，引起叶斑或黑脉。成株期发病多从叶缘向内扩展，形成V形的黄褐色至灰褐色叶斑，外围组织淡黄色，与健部无明显界限。病斑内叶脉灰褐色或黑褐色。严重时可导致全叶枯死或外叶局部腐烂，干燥时呈干腐状或穿孔。叶柄染病，沿维管束向上扩展，造成叶片干腐或弯折歪向一侧、脱落。病菌向下发展可使茎部和根部维管束变黑，髓腔中空，严重时植株死亡。病部菌脓不如软腐病明显，但潮湿时手摸病部有黏质感。

甘蓝黑腐病症状

花椰菜黑腐病症状

大白菜黑腐病症状

小白菜黑腐病V形斑

小白菜黑腐病症状

在萝卜上该病多从叶缘和虫伤处开始发病，向内形成V形或不规则形黄褐色病斑，最后病斑可扩及全叶。肉质根染病出现灰褐色或灰黄色的斑

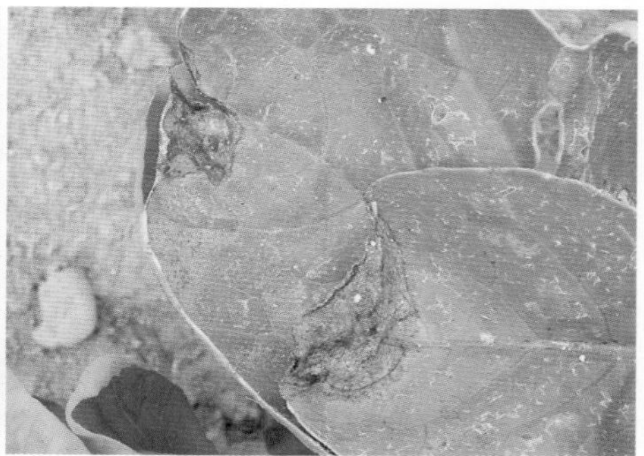
萝卜黑腐病病叶

痕，表现为内部维管束变黑色，髓部腐烂，严重时内部组织干腐，最后形成空心，但外部症状不明显。随着病害的发展和软腐病菌侵入，加速病情扩展，使肉质根腐烂，并产生恶臭气味。病部菌脓不如软腐病明显，但潮湿时手摸病部有黏质感。

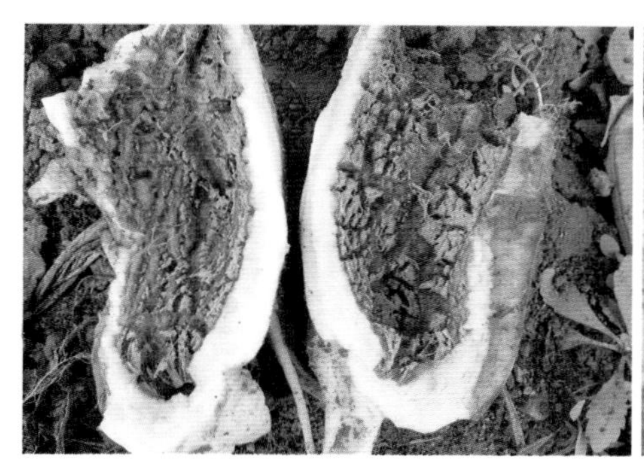
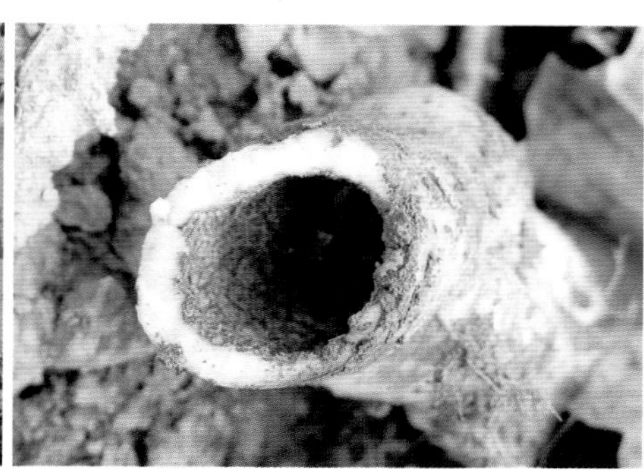

萝卜黑腐病肉质根空心

发生规律：病原菌为野油菜黄单胞菌野油菜致病变种，属薄壁菌门黄单胞菌属细菌。病菌能在种子和未分解的病残体内越冬，可存活2～3年。病菌生长适温25～30℃，耐干燥，高温多雨或露水、大雾天气，利于病菌侵入而发病。地势低洼、排水不良的田块发病较多。最适感病生育期为甘蓝莲座期至包心期、花椰菜花球初现期、萝卜近成熟期。长江中下游地区十字花科蔬菜黑腐病的发病盛期在5—11月。

防治方法：①选留无病种子或种子消毒。②合理轮作，重发病田块提倡与非十字花科作物实行2～3年轮作。③加强栽培管理，提倡高畦栽培，雨后及时开沟排水，防止田间积水。收获后清除病残体，并带出田外深埋或销毁。④治虫防病。在小菜蛾、菜青虫、甜菜夜蛾、斜纹夜蛾、蚜虫、猿叶甲、黄曲条跳甲等害虫盛发前及时防治，防止虫伤及害虫传病。⑤在发病初期开始喷药，药剂可选20%噻菌铜悬浮剂500～600倍液，或47%春雷·氧氯铜可湿性粉剂600～800倍液，或77%硫酸铜钙600倍液等。每隔7～10天喷1次，连续喷2～3次；重病田视病情发展，必要时还要增加喷药次数。

十字花科蔬菜菌核病

菌核病主要危害甘蓝、花椰菜、白菜等十字花科蔬菜，还能危害黄瓜、番茄、辣椒、莴苣*、菠菜和菜豆等多种蔬菜。主要危害植株的茎基部，也可危害叶片、叶球、叶柄、茎及种荚，苗期和成株期均可发病。

症状：幼苗发病，在近地面的茎基部产生水渍状病斑，很快腐烂或猝倒，并产生明显的白霉。白菜、甘蓝成株发病，近地面的茎、叶柄或叶片上出现水渍状淡褐色凹陷病斑。后病部组织腐烂，引起茎基部或叶球腐烂，病部密生白色或灰白色棉絮状菌丝和散生黑色鼠粪状菌核，腐烂处无臭味。当茎基部病斑环茎一周后全株枯死。茎腐烂后，腐朽呈乱麻状，中空，有白色丝状物，生有黑色鼠粪状菌核。

小白菜菌核病发病状

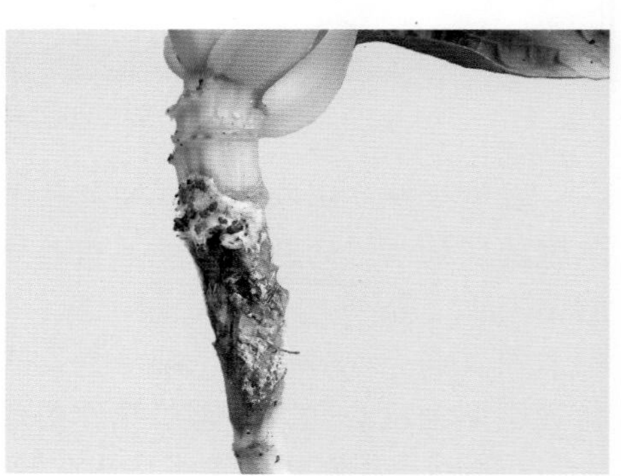

小白菜菌核病危害根颈状

大白菜菌核病茎基部腐烂

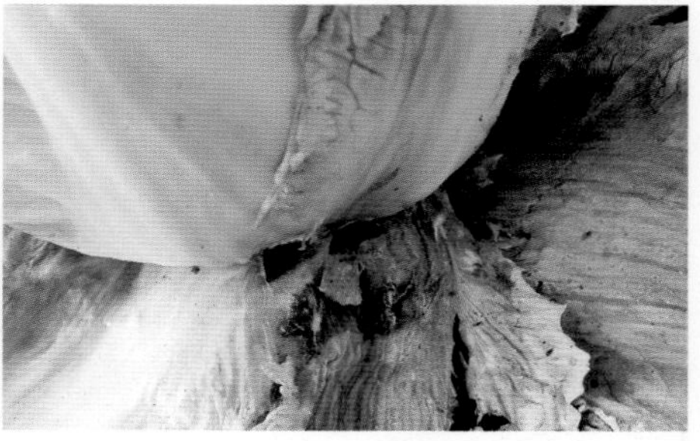

大白菜菌核病基部菌核

* 莴苣按食用部分分为叶用莴苣（生菜）和茎用莴苣（莴笋）。莴苣指生菜和莴笋。——编辑注

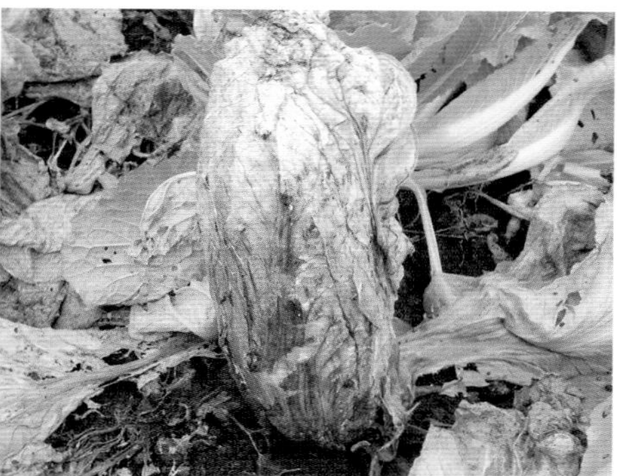

大白菜菌核病严重发病状

大白菜菌核病大田发病状

花椰菜菌核病发病状

甘蓝菌核病前期症状（张发成提供）

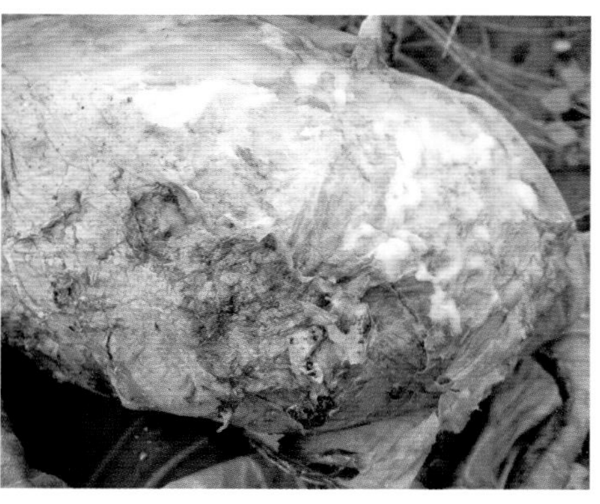

甘蓝菌核病后期灰白色棉絮状菌丝

甘蓝菌核病菌核

甘蓝菌核病大田发病状

发生规律、防治方法：参考茄果类蔬菜病害中番茄菌核病。

十字花科蔬菜灰霉病

十字花科蔬菜灰霉病主要危害甘蓝、花椰菜、白菜等。

症状：苗期、成株期均可发病。幼苗发病，幼苗呈水渍状腐烂，上生灰色霉层。成株期发病，多从地面较近的叶片开始。发病初期为水渍状，湿度大时病部迅速扩大，呈褐色或淡红褐色，引起腐烂，病部生灰霉后，会产生很小的近圆形黑色菌核。茎基部侵染，发病症状与叶片类似，病情从下向上扩展，或从外层叶延至内层叶，致叶球腐烂，其上生灰霉，后产生小的近圆形黑色菌核。

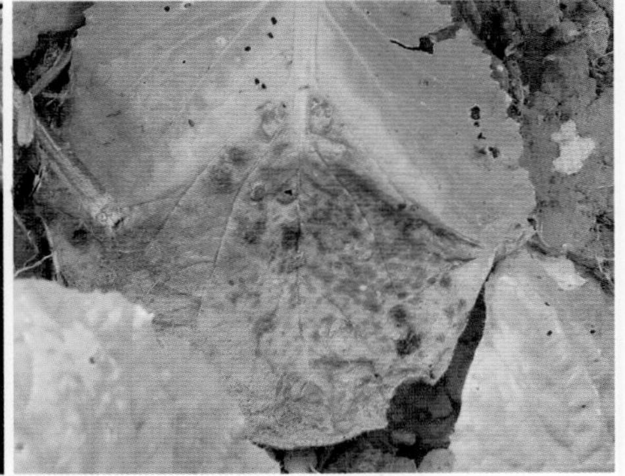

白菜灰霉病病叶

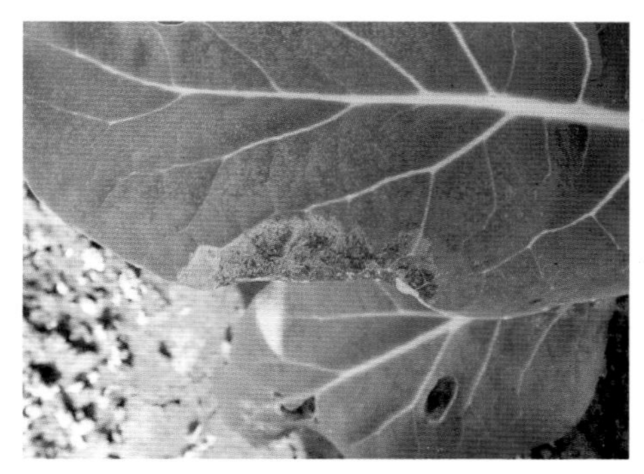

花椰菜灰霉病病叶正面

花椰菜灰霉病病叶背面灰霉

发生规律、防治方法：参考茄果类蔬菜病害中番茄灰霉病。

十字花科蔬菜根肿病

根肿病是世界性具毁灭性病害，危害甘蓝、花椰菜、白菜、菜薹、芥菜、萝卜、芜菁等100多种栽培和野生的十字花科植物。

症状：田间蔬菜苗期易感病，主要危害根部。根部发病后形成肿瘤并逐渐膨大，多靠近上部，呈纺锤形、球形；侧根上的瘤多为手指状，须根上的瘤往往串生在一起，多达几十个。主根上肿瘤大而少。白菜、芥菜、甘蓝、花椰菜发病，肿瘤多在主根上；萝卜、芜菁等发病，肿瘤多在侧根上。肿瘤初期表面光滑，后期龟裂而粗糙。病株地上部生长迟缓、矮小。病株叶片色浅，外层叶中午萎蔫，下午恢复，晴天中午尤为明显。

白菜根肿病发病状

白菜苗期根肿病症状

白菜根肿病肿瘤

发生规律：该病由芸薹根肿菌侵染所致，病菌以休眠孢子囊随病根、病残体在土壤中越冬、越夏，可在土壤中存活6 ~ 7年。通过雨水、灌溉水、昆虫、土壤线虫或耕作在田间传播。病菌喜酸性土壤，以pH 5.4 ~ 6.5的土壤最适宜。土壤温度20 ~ 25℃、空气相对湿度60%左右最适于此病发生。一般苗期发病重于成株期。夏秋多雨或梅雨期间多雨的年份发病重。田块连作地，地势低洼、排水不良的田块发病重。1年中9月中旬至11月和3—4月为发病盛期，以9月中旬至11月为全年发病高峰期。

防治方法：①与非十字花科蔬菜实行4 ~ 5年的水旱轮作和非十字花科作物轮作。②根肿病虽种子不带菌，但附在种子表面的泥土可带菌传病。③在收获后或病田换茬时要及时清除病株残体，在作物生长期田间发现病株要及时拔除，带出田外深埋或销毁，并在病株周围撒施生石灰消毒，以减少田间菌源。④采用深沟高畦栽培和抗旱小水勤浇有利于控制土壤湿度，减轻病害发生，切忌大水漫灌。多施农家肥和磷、钾肥，控制氮肥施用量。⑤药液灌根。每亩可用50%氯溴异氰尿酸可溶性粉剂2 ~ 3千克，在播前或移栽前混细土40 ~ 50千克，施入播种沟或定植穴中。也可用50%氟啶胺悬浮剂300毫升，兑水60升，对播种沟或定植穴的土壤喷雾，然后均匀混土，混土层10 ~ 15厘米，进行土壤消毒。

十字花科蔬菜白锈病

白锈病主要危害白菜、芥菜、苋菜、蕹菜，还可危害甘蓝、萝卜等蔬菜。

症状：主要危害叶片，也可危害花器。叶片染病，发病初叶片正面产生暗褐绿色小斑，扩大后病斑黄绿色，近圆形至不规则形，叶表皮隆起，边缘不明显；叶背病部隆起，产生白色或乳白色疱斑，即孢子堆，病斑表面略有光泽。疱斑最初表面光滑，成熟后表皮破裂，散出白色粉末状物，即病菌的孢子囊。一片叶上疱斑多达几十个，严重时多个病斑连接成片，成为大型枯斑，使叶片枯黄。除危害叶片外，病菌还可侵染植株的茎、花梗及花器，种株的花梗和花器受害，致畸形弯曲肥大，引起不结实，其肉质茎也可现乳白色疱状斑。

小白菜白锈病病叶正面

小白菜白锈病病叶背面隆起疱斑

小白菜白锈病病叶枯黄

三月青白锈病叶正面黄绿色病斑

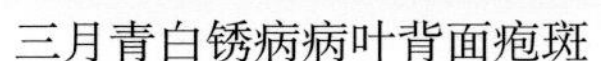

三月青白锈病病叶背面疱斑

芥菜白锈病病叶

发生规律、防治方法：详见绿叶菜类及其他蔬菜病害中苋菜白锈病。

萝卜根结线虫病

症状：主要危害地下部须根和侧根。在受害处产生大小不等的瘤状根结。初生根结乳白色，后变为褐色。根结外部长出细弱的新根，新根上可依次染病，再长根结。轻病株地上部分无明显症状；重病株发育不良、株形矮小，干旱时中午萎蔫或提早枯死。

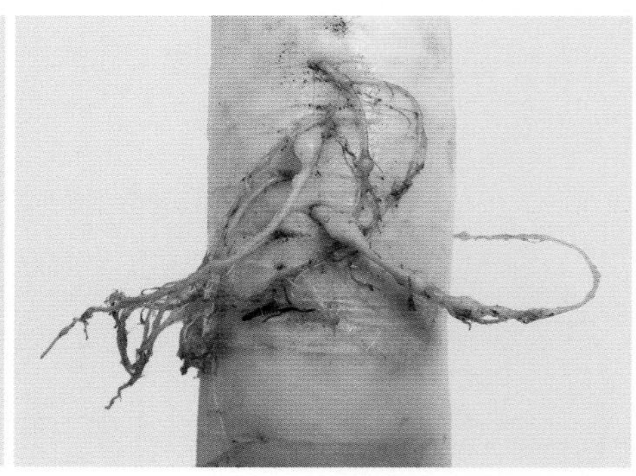

萝卜根结线虫病症状

发生规律：参考茄果类蔬菜根结线虫病。

防治方法：①合理轮作，与禾本科作物尤其是与水稻水旱轮作效果更好。重病田种植大葱、大蒜、韭菜、辣椒等抗病类蔬菜，可明显压低土壤中的线虫数量，减轻下茬受害程度。②有条件的可利用夏季休闲期翻耕晒田，也可病田淹水1个月，可杀死表层大部分线虫。③育苗移栽要用无病土，培育无病壮苗。其他可参考茄果类蔬菜根结线虫病。

缺硼

症状：花椰菜及青花菜缺硼，茎部及花球的肥短花枝心部先呈水渍状，继而变成锈褐色湿腐，有时横裂成孔洞，裂面褐色。有时花球表面也有水渍状，继而变成锈褐色。

根茎类蔬菜缺硼，初期是在根部最粗部位出现深色斑点。生长缓慢，叶片少而且小。如萝卜等若缺硼，生长点萎缩、枯死，出现枯顶，幼叶畸形、扭曲；茎和叶柄粗短、龟裂、硬化，植株矮缩；肉质茎内部发生水渍状，横裂成孔洞。

小白菜缺硼症状

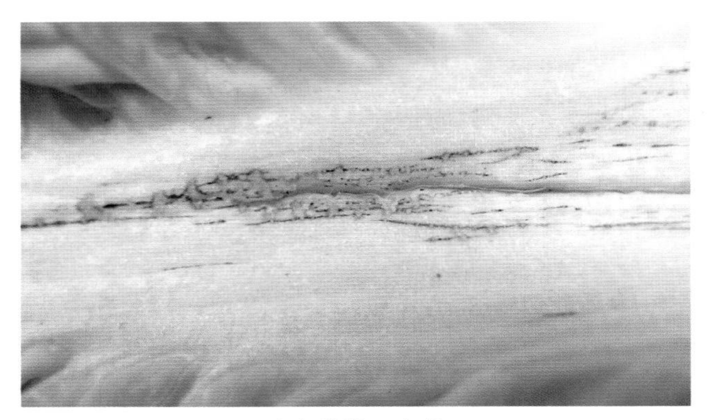

大白菜缺硼症状

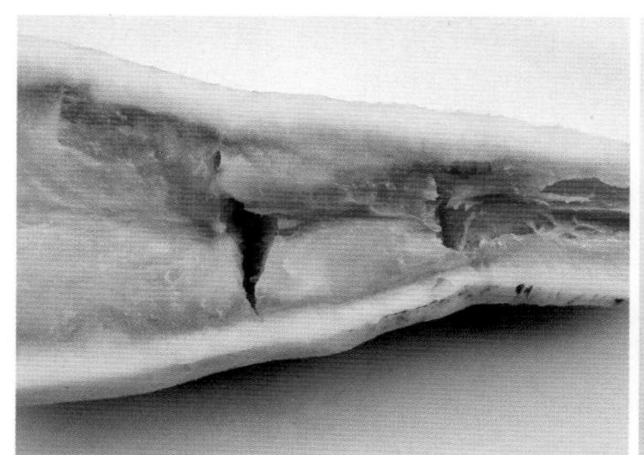

萝卜缺硼症状

防治方法：①增施有机肥。既可提高土壤的供硼水平，同时能改善土壤的结构和理化性状，增强土壤的保水保肥能力，提高土壤硼的有效性。②平衡氮、磷、钾肥。在合理增施有机肥的基础上，控制氮肥，特别是铵态氮过多，不仅导致蔬菜体内氮和硼的比例失调，还会抑制蔬菜对土壤中硼的吸收；稳施磷肥，宜基施、集中施；硼肥作基肥可与磷肥、有机肥等混合施用，既能提高施用硼肥的均匀性，又可增加施硼效果。硼肥全作基肥时，用量以每亩0.5千克为宜。③叶面喷施，硼砂浓度为0.1%～0.2%，每亩喷50千克，叶片正反两面均匀喷雾。叶菜类蔬菜宜在苗期喷施。缺硼较严重的，隔7～10天后可再喷1次。④适量灌溉。旱时要及时适量灌溉，防止土壤干裂，促进硼的吸收。不可一次性灌水过多，否则排水时易引起土壤水溶性硼淋失，导致土壤缺硼。

（二）十字花科蔬菜害虫

小菜蛾

小菜蛾属鳞翅目菜蛾科，又名小青虫、两头尖、吊丝虫，是寡食性害虫，主要危害甘蓝、薹菜、芥菜、花椰菜、白菜、萝卜等十字花科植物。

形态特征：成虫体灰褐色，头部黄白色，触角丝状，褐色有白纹，静止时向前伸。前、后翅细长，后缘毛很长，前、后翅有黄白色、曲折的波状带纹。成虫停息时两翅覆盖于体背呈屋脊状，接合处形成3个连串的菱形斑纹。卵椭圆形，稍扁平，初产时乳白色，后变淡黄色。多数为单粒产，大多产在叶背叶脉的凹陷处。幼虫绿色，头黄褐色，头部较尖细，纺锤形，俗称“两头尖”。身体上有稀而少的黑色刚毛。前胸背板上由淡褐色无毛的小点组成两个U形纹。初化蛹时绿色，渐变淡黄绿色，最后为灰褐色，茧呈纺锤形，灰白色丝质薄如网，可透见蛹体。

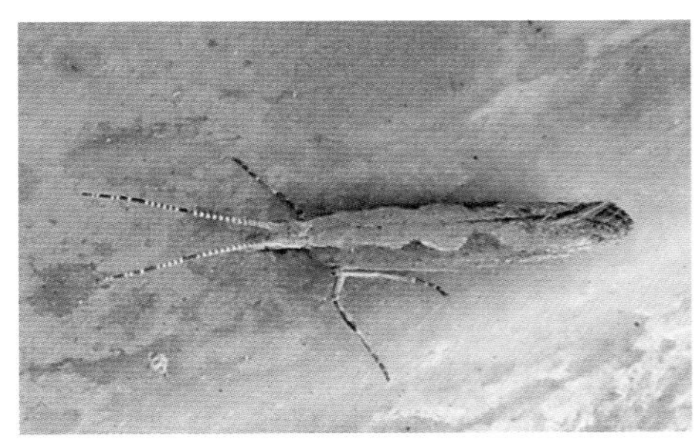

小菜蛾春夏型成虫

小菜蛾冬型成虫

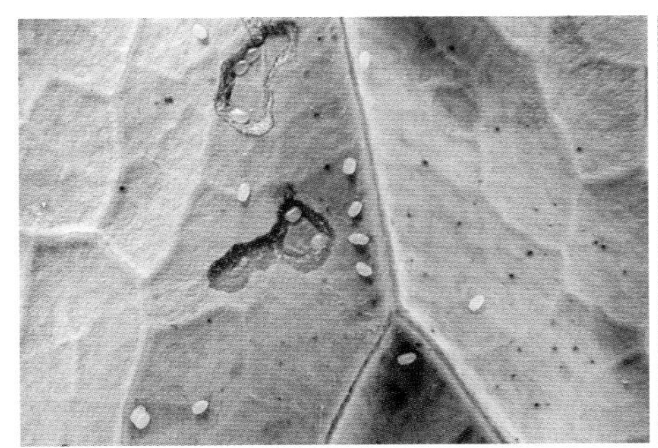

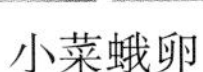

小菜蛾卵

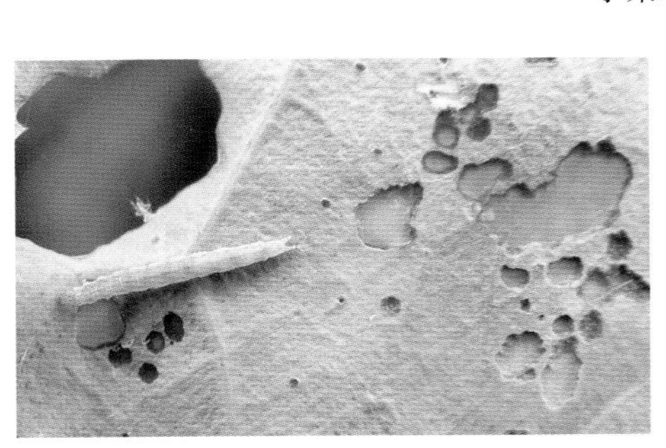

小菜蛾低龄幼虫

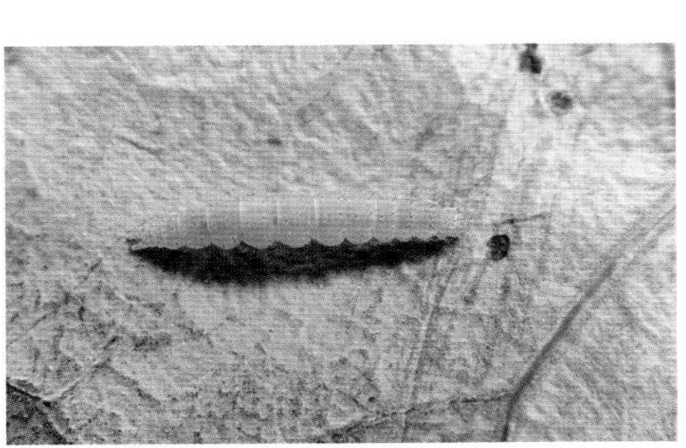

小菜蛾高龄幼虫

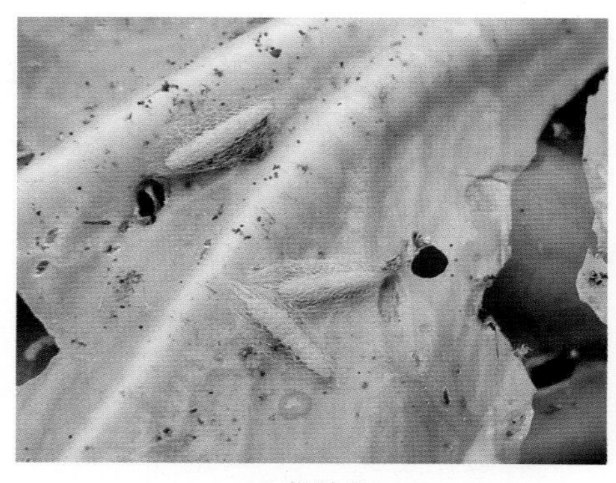
小菜蛾茧

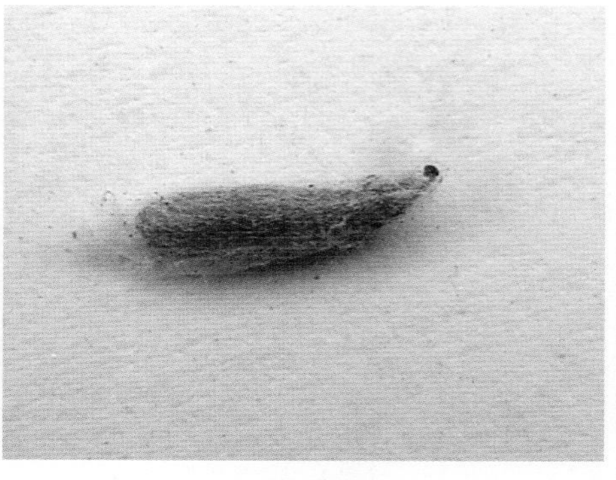
小菜蛾蛹

危害状：低龄幼虫取食叶肉，留下一层透明的表皮，在叶片上形成一个个透明的斑，称为“开天窗”；三至四龄幼虫可将叶片食成许多大小不同的孔洞和缺刻，严重时全叶被吃成网状。在苗期，幼龄虫常群集于心叶危害生长点，形成“秃顶苗”，使菜不能包心。结球期钻蛀叶球，造成严重减产。在留种菜上危害嫩茎、幼荚和籽粒，影响结实。

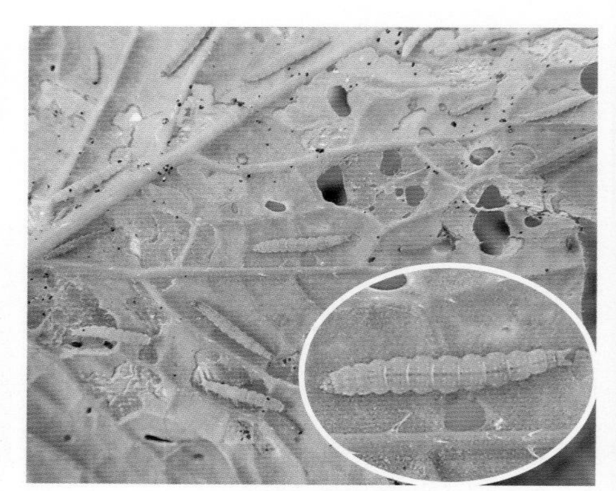
小菜蛾危害叶片状

生活习性：1年发生2～22代不等，在东北1年发生2～3代，华中、华北发生4～6代，长江流域9～14代，广东、广西18～21代，海南22代。以蛹在墙壁、树干、土缝、杂草及落叶上越冬。成虫昼伏夜出，有趋光性，世代重叠严重。幼虫性活泼，受惊扰时可扭曲身体后退，或吐丝下垂，所以也称“吊丝虫”。发育最适温度为20～30℃，喜干旱，潮湿多雨对其发育不利。十字花科蔬菜栽培面积大、连续种植或管理粗放都有利于此虫发生。东北、华北地区以5—6月和8—9月危害严重，且春季重于秋季。在南方以3—6月和8—11月为发生盛期，其中以8—9月发生数量最多，是全年危害最重的时期，而且秋季重于春季。

防治方法：①合理种植布局，避免十字花科蔬菜周年连作，尤其要避免夏季的连作。可与瓜类、豆类、茄果类、葱蒜类蔬菜轮作倒茬。小菜蛾发生严重的地区，应与水稻轮作，或夏季休耕。②用频振式杀虫灯、黑光灯和性诱剂诱杀成虫。③蔬菜收获后要及时清洁田间枯残菜叶，及时翻耕菜地，清除田边、路边等处杂草。④推广生物防治技术。可采用多杀霉素、苏云金杆菌、植物杀虫剂、多角体病毒等生物源杀虫剂防治，也可利用保护菜田中的小黑蚁、菜蛾啮小蜂、菜蛾绒茧蜂等天敌种群，控制抗药性害虫的猖獗。⑤合理使用农药。在小菜蛾大发生时，选用高效、低毒、低残留的农药进行防治，防治适期以一至二龄幼虫期为佳。药剂可选用2.5%多杀霉素悬浮剂或6%乙基多杀菌素悬浮剂1 000 ~ 1 500倍液，或0.3%印楝素乳油1 000倍液，或32 000国际单位/毫克苏云金杆菌1 000 ~ 2 000倍液，或5%氯虫苯甲酰胺1 500 ~ 2 000倍液，或5%氟虫隆乳油、5%氟虫脲乳油1 500倍液，或1%甲氨基阿维菌素苯甲酸盐乳油4 000倍液，或24%甲氧虫酰肼悬浮剂2 500 ~ 3 000倍液，或15%唑虫酰胺乳油1 200 ~ 2 000倍液，或10%溴氰虫酰胺悬浮剂2 000倍液，或22%氰氟虫腙悬浮剂600 ~ 800倍液，或10.5%三氟甲吡醚乳油800 ~ 1 200倍液，或15%茚虫威悬浮剂3 000 ~ 4 000倍液。⑥提倡药剂混用、轮用，以延缓或阻止害虫抗药性产生。根据小菜蛾危害特点，重点抓好叶背和心叶的喷雾处理，以提高防效。

菜粉蝶

菜粉蝶属鳞翅目粉蝶科，又称白粉蝶、白蝴蝶、粉蝶等。幼虫也称菜青虫，危害十字花科、菊科、旋花科、百合科、茄科、藜科、苋科等9科35种蔬菜，是十字花科蔬菜上的重要害虫，主要危害甘蓝、花椰菜、萝卜、白菜等十字花科蔬菜，偏嗜厚叶类蔬菜。

形态特征：雄蝶乳白色，雌蝶淡黄白色。虫体灰黑色，鳞粉细密。前翅顶角有1个三角形黑斑，翅中下方有2个黑色圆斑，后翅正面前缘离翅基2/3处有1个黑斑。卵散产，形似枪弹形，初产时淡黄色，后变橙黄色，表面有许多纵、横隆起的线。幼虫体青绿色，圆筒形，中段稍肥粗，体表密布细毛，背部有一条不明显的断续的黄色纵线，并有横皱纹，两侧气门线黄色，每节的线上有两个黄斑。蛹纺锤形，两端尖细，体背有3条纵脊，常有一丝吊连在化蛹场所的物体上，化蛹初期为青绿色，逐渐变为灰褐色。

菜粉蝶成虫

菜粉蝶成虫交尾

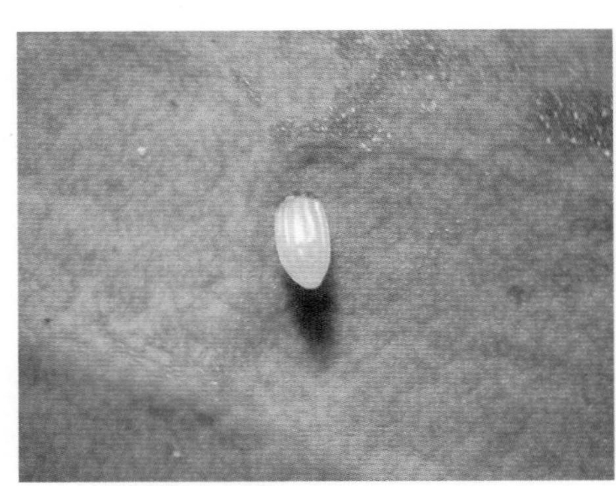

菜粉蝶卵

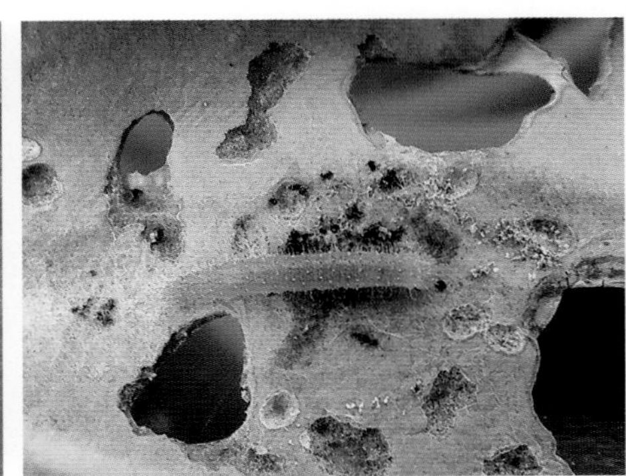

菜粉蝶低龄幼虫

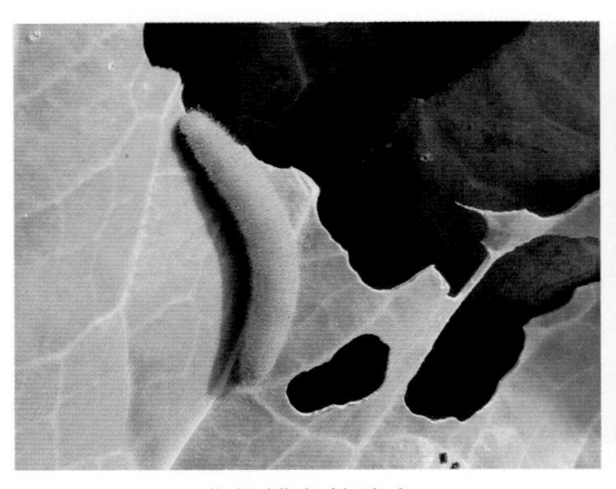

菜粉蝶高龄幼虫

菜粉蝶前期蛹

菜粉蝶后期蛹

菜粉蝶不同时期蛹

危害状：幼虫食叶，二龄前啃食叶肉，留下一层透明的表皮，三龄后可蚕食整个叶片，咬成孔洞和缺刻。老龄幼虫取食迅速，食量大，轻则虫口累累，重则仅剩下叶脉，幼苗受害严重时，整株死亡。菜青虫取食时，边取食边排出粪便，污染花椰菜球茎，所造成的伤口易引起软腐病、黑腐病。

菜粉蝶幼虫危害小白菜

菜粉蝶幼虫危害甘蓝

菜粉蝶幼虫严重危害甘蓝

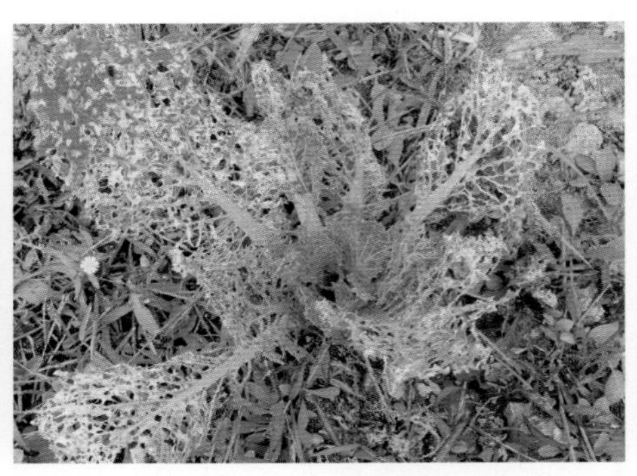

菜粉蝶幼虫严重危害大白菜

菜粉蝶幼虫严重危害花椰菜

菜粉蝶幼虫危害花椰菜花球

生活习性：黑龙江1年发生3～4代，河北4～5代，山东5～6代，浙江8～9代，华南12代，以蛹在寄主植物附近的篱笆、风障、树干上及杂草或残枝落叶间越冬。世代重叠现象严重。雌虫产卵对十字花科蔬菜有很强的趋性，尤以厚叶类的甘蓝和花椰菜着卵量大，卵散产，夏季多产于叶片背面，冬季多产在叶片正面。幼虫偏嗜十字花科蔬菜，其中又偏好甘蓝、花椰菜、白菜、萝卜等。幼虫可转株危害，有假死性。东北地区的发生危害盛期为7月和9月，华北地区5月中旬至6月和8—9月，长江中下游4月下旬至6月和9—10月，华南地区多在3月前后和10—11月。

防治方法：利用防虫网育苗，防止在苗上产卵。药剂防治一般在卵高峰后1周左右，即幼虫孵化盛期至三龄幼虫前用药，连续使用2～3次。注意农药交替轮换使用，并于早上或傍晚在植株叶片背面、正面均匀喷药。其他参考小菜蛾防治。

菜螟

菜螟属鳞翅目螟蛾科，俗称菜心野螟、萝卜螟、白菜螟、甘蓝螟、钻心虫，是一种钻蛀性害虫，主要危害十字花科白菜类、甘蓝类、芥菜类，以及萝卜、菠菜，尤以萝卜、白菜、甘蓝受害重。

形态特征：成虫体为灰褐色或黄褐色小型蛾类。前翅灰褐色至黄褐色，有2条波状横纹，近翅中央有一灰黑色有白边肾形纹，斑外围有灰白色晕圈。翅外缘有一排黑色小点，后翅灰白色。卵椭圆形，扁平，表面有不规则网状纹，初产时淡黄色，孵化前橙黄色。幼虫共5龄，体淡黄绿色，体背有较模糊的5条褐色背线，各节体背长有毛瘤，中、后胸各6对，腹部各节前排8个，后排2个。幼虫老熟后变为桃红色。蛹

菜螟成虫

菜螟幼虫

菜螟幼虫及危害状

黄褐色，翅芽长达第四腹节的后缘，腹部末端略弯，其上有刺4根。

危害状：幼苗期受害，蛀食心叶及叶片，受害苗生长点被破坏而停止生长或萎蔫死亡，造成缺苗断垄。幼虫孵化后，大多潜入叶面表皮下，啃食叶肉，初孵幼虫隧道宽短；二龄后又钻出叶表皮，在叶面活动；三龄后多钻入菜心，吐丝将心叶缠结，藏身其中，食害心叶，使心叶枯死并且不能再抽出心叶；四至五龄幼虫可由心叶或叶柄蛀入茎髓或根部，蛀孔显著，孔外缀有细丝，并有排出的潮湿虫粪，易于识别。甘蓝、大白菜受害后则不能结球或包心，并能传播软腐病。

菜螟幼虫危害萝卜叶片

菜螟幼虫危害萝卜心叶

菜螟幼虫严重危害萝卜

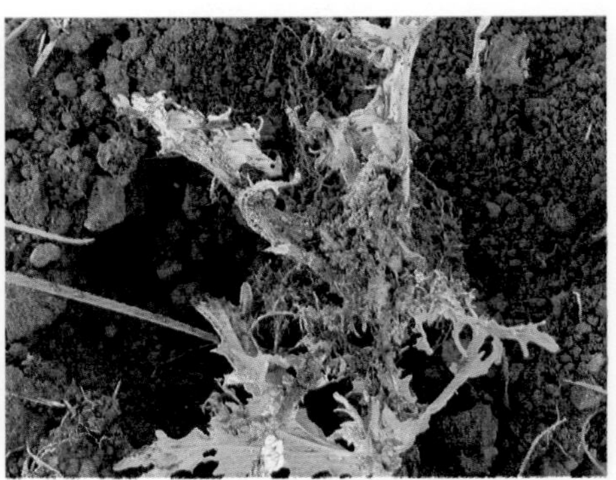

菜螟幼虫危害芥菜

生活习性：1年发生3～9代，北京、山东3～4代，上海、浙江6～7代，广西柳州9代，以老熟幼虫在地表吐丝黏着泥土、枯叶做囊越冬。在广州地区无明显越冬现象。越冬幼虫于翌年春在6 ~ 10厘米深的土中结茧化蛹，也有在土壤表面残株落叶间化蛹。成虫昼伏夜出，稍有趋光性，飞翔力弱。幼虫有吐丝下垂及转株危害的习性，1头幼虫可转株危害4 ~ 5株。世代重叠。秋季天气高温干燥，有利于菜螟发生。菜螟幼虫危害期为5—11月，春、秋两季都有发生，以秋季危害较重，长江中下游地区以8—9月危害最重。

防治方法：①及时春耕灭茬，可消灭部分越冬虫源。②在间苗、定苗时，如发现菜心被丝缠住，可随手捏杀。③掌握在幼虫孵化始盛期，菜苗初见心叶被害时防治，施药部位尽量喷到心叶上，防治间隔期7 ~ 10天，连续喷雾防治1 ~ 3次。药剂可选用5%虱螨脲乳油1 000 ~ 1 500倍液，或24%甲氧虫酰肼乳油2 500 ~ 3 000倍液，或10%溴氰虫酰胺可分散油悬浮剂2 000倍液，或30%氯虫·噻虫嗪悬浮剂2 500倍液，或2.5%氯氟氰菊酯乳油3 000倍液，或5%定虫隆乳油2 000 ~ 2 500倍液，或2.5%联苯菊酯乳油3 000倍液。

斜纹夜蛾

斜纹夜蛾属鳞翅目夜蛾科，别名莲纹夜蛾、莲纹夜盗蛾，俗称花虫、黑头虫，是我国农业生产上的主要害虫之一。寄生范围极广，包括白菜、甘蓝、芋、莲藕及豆类等多达99科290多种植物，是一种间歇性发生的暴食性、杂食性害虫。

形态特征：成虫体深褐色，前翅灰褐色，前翅环纹和肾纹之间由3条白线组成明显的较宽斜纹，呈波浪形，故名斜纹夜蛾。自基部向外缘有1条白纹，外缘各脉间有1列黑点。前、后翅常有紫红色闪光。后翅白色，无斑纹。卵馒头状、块产，表面覆盖有灰黄色或棕黄色的疏松绒毛。老熟幼虫头部黑褐色，体色多变，胴部体色因寄主和虫口密度不同而呈土黄色、青黄色、灰褐色及暗绿色，背线、亚背线及气门下线均为灰黄色及橙色。从中胸到第九腹节上有近似三角形的黑斑各1对，其中第一、第七、第八腹节上的黑斑最大。蛹赭红色，腹背面第四至七节近前缘处有1个小刻点，有1对强大的臀刺，刺基分开。气门黑褐色，椭圆形隆起。

危害状：主要以幼虫咬食叶、蕾、花及果实。初孵幼虫群集取食，三龄前低龄幼虫啃食叶肉，残留表皮，形成半透明纸状或“天窗”。三龄后分散危害叶片、嫩茎，四龄后进入暴食期，多在傍晚危害。大龄幼虫直接取食叶片、嫩茎，形成孔洞、缺刻或秃尖等。老龄时进入暴食阶段，虫口密度高时，将叶片吃光，仅留主脉，呈扫帚状。排泄粪便污染蔬菜，造成组织腐烂，严重时造成死亡。

斜纹夜蛾成虫

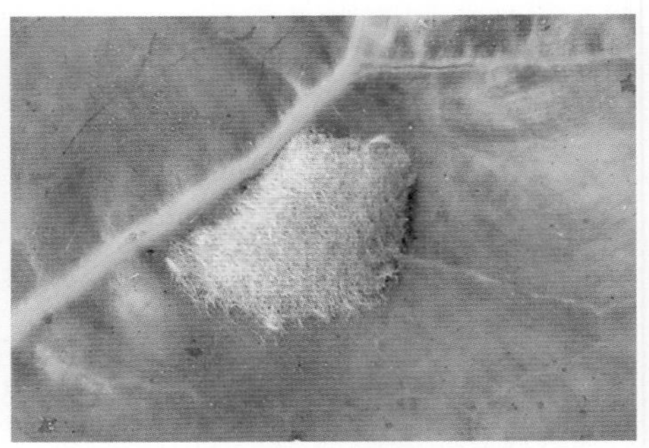

斜纹夜蛾卵块

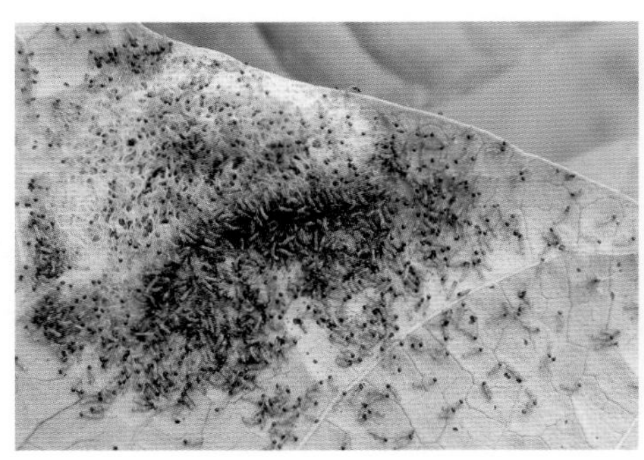

斜纹夜蛾初孵幼虫

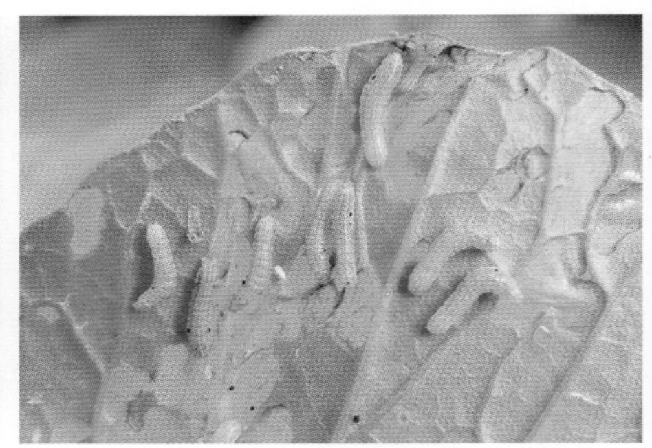

斜纹夜蛾低龄幼虫

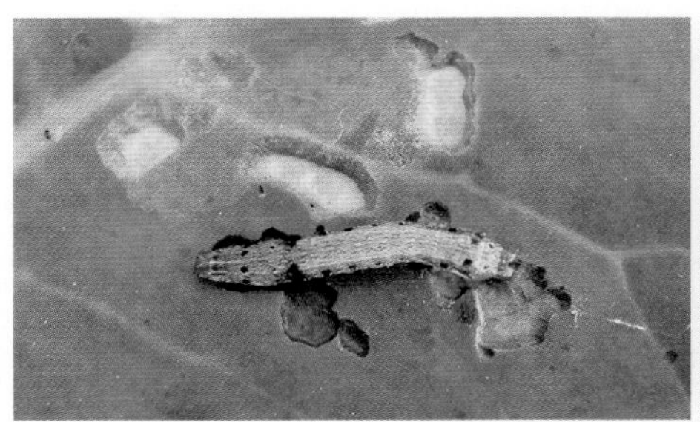

斜纹夜蛾不同体色幼虫

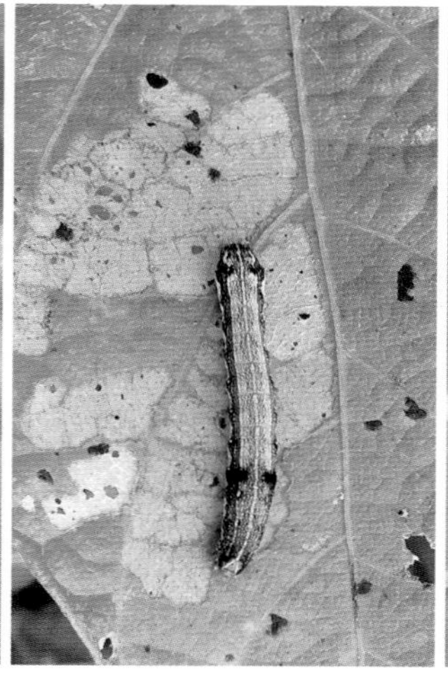

斜纹夜蛾不同体色幼虫

斜纹夜蛾蛹背面

斜纹夜蛾蛹腹面

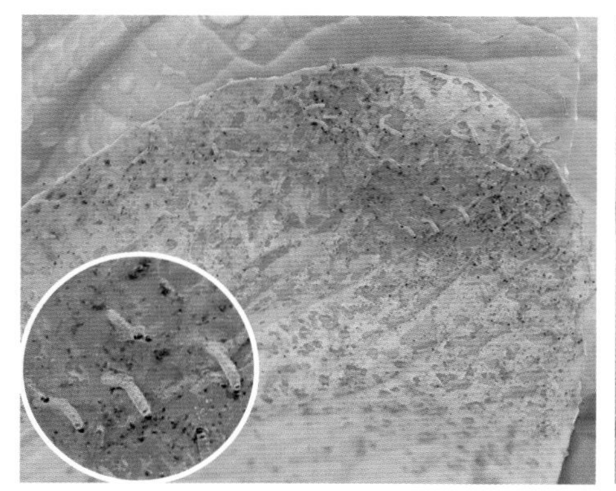

斜纹夜蛾初孵幼虫群集危害

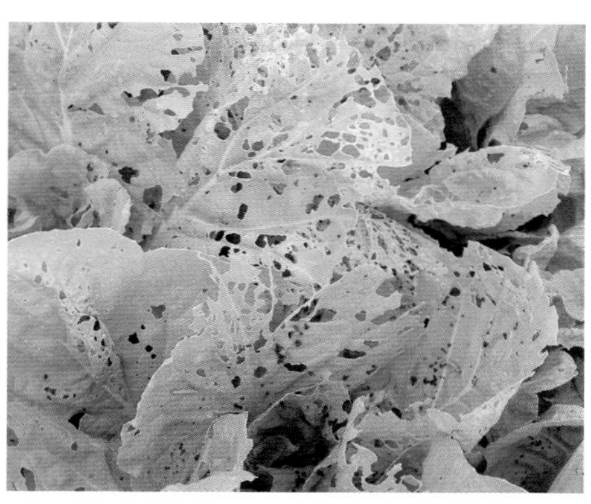

斜纹夜蛾低龄幼虫危害造成孔洞

斜纹夜蛾低龄幼虫啃食叶肉

斜纹夜蛾幼虫危害白菜

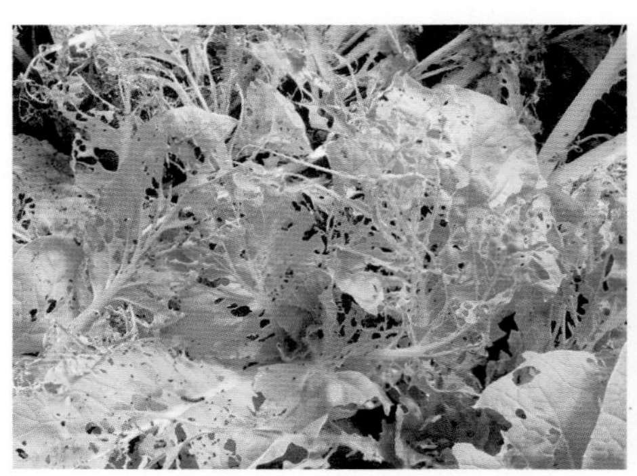

斜纹夜蛾幼虫严重危害白菜

斜纹夜蛾幼虫将白菜叶片吃光

斜纹夜蛾危害甘蓝

斜纹夜蛾危害花椰菜

生活习性：长江流域1年发生5～6代，华北地区4～5代，华南地区8～9代，以蛹在土下3～5厘米处越冬，世代重叠。成虫有强烈的趋光性和趋化性，对糖酒醋液及发酵的胡萝卜、麦芽、豆饼、牛粪等也有趋性，昼伏夜出，飞翔力强。卵多产于高大、茂密、浓绿的边际作物上，以植株中部叶片背面叶脉分杈处最多，多数多层排列，卵块上覆盖棕黄色绒毛。初孵时不怕光，聚集叶背附近取食，三龄后分散取食，四龄以后和成虫一样，出现背光性，白天躲在叶下土表处或土缝里，傍晚后爬到植株上取食叶片。幼虫有假死性及自相残杀现象，遇惊扰后四处爬散或吐丝下坠或假死落地。幼虫老熟后，一般在土下3～7厘米处造一卵圆形蛹室化蛹。土壤板结，则在枯枝落叶下化蛹。降水量少、高温干旱，有利于斜纹夜蛾发生，常在夏、秋季大量发生。长江流域多在7—8月大发生，黄河流域多在8—9月大发生。浙江第一至五代发生期分别为6月中下旬至7月中下旬、7月中下旬至8月上中旬、8月上中旬至9月上中旬、9月上中旬至10月中下旬。

防治方法：①采用黑光灯或频振式杀虫灯诱杀成虫。②糖醋液诱杀成虫。③清洁田园。④全面覆盖大棚或大棚顶部覆盖防雨薄膜，大棚四周围盖防虫网。⑤在农事操作中摘除卵块和幼虫群集叶。⑥用斜纹夜蛾性诱剂诱杀。⑦应用生物农药和高效、低毒、低残留化学农药，在卵孵高峰至低龄幼虫盛发期，突击用药。最好在三龄前施药，并以傍晚喷药为佳。低龄幼虫药剂可选用20%虫酰肼悬浮剂600～1 000倍液，或5%氟虫脲乳油或5%定虫隆乳油1 500～2 000倍液，或24%甲氧虫酰肼乳油2 500～3 000倍液，或5%氯虫苯甲酰胺悬浮剂1 000～1 500倍液，或22%氰氟虫腙水分散粒剂600～800倍液，或10%虫螨腈悬浮剂1 000～2 000倍液，或15%唑虫酰胺乳油1 000倍液，高龄幼虫可用15%茚虫威悬浮剂3 500～4 500倍液，或5%甲维盐乳油4 000倍液，或5%虱螨脲乳油1 000倍液。隔7～10天1次，连用2～3次。注意交替使用农药。

甜菜夜蛾

甜菜夜蛾属鳞翅目夜蛾科，杂食性害虫，可危害十字花科中的甘蓝、白菜、萝卜，还可危害芹菜、胡萝卜、芦笋、蕹菜、苋菜、辣椒、豇豆、茄子、番茄、菠菜、大葱等蔬菜。

形态特征：成虫体灰褐色。前翅中央近前缘外方有肾形斑1个，内方有圆形斑1个。后翅银白色。卵圆馒头形，白色，表面有放射状的隆起线。幼虫体色变化很大，有绿色、暗绿色至黑褐色。腹部体侧气门下线为明显的黄白色纵带，有的带粉红色，带的末端直达腹部末端，不弯到臀足上。蛹黄褐色。

甜菜夜蛾成虫

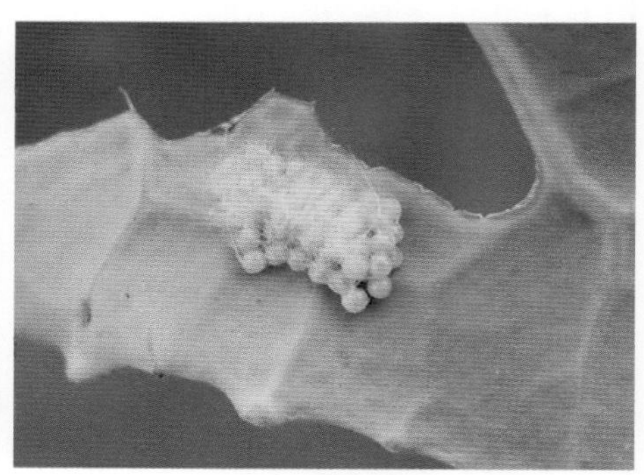

甜菜夜蛾卵块

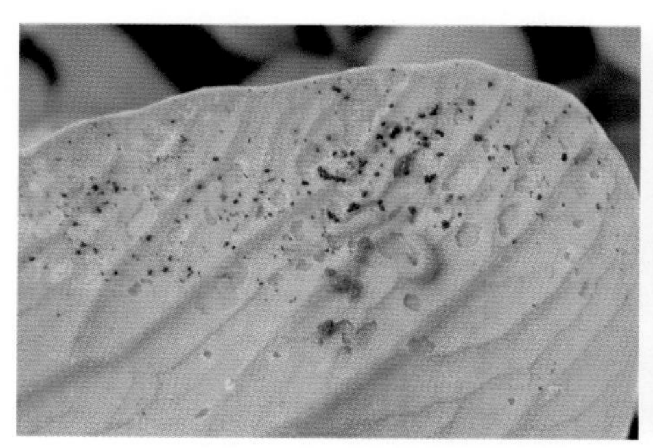

甜菜夜蛾初孵幼虫及危害状

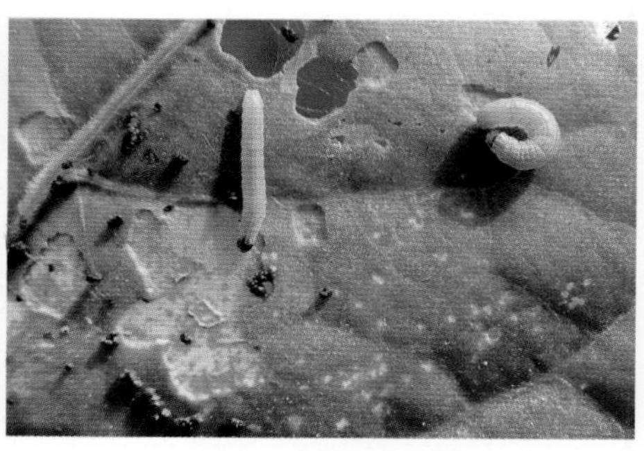

甜菜夜蛾低龄幼虫及危害状

甜菜夜蛾低龄幼虫

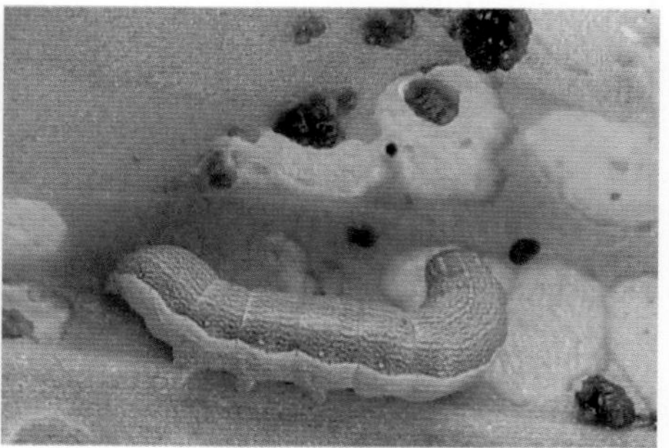

甜菜夜蛾高龄幼虫及危害状

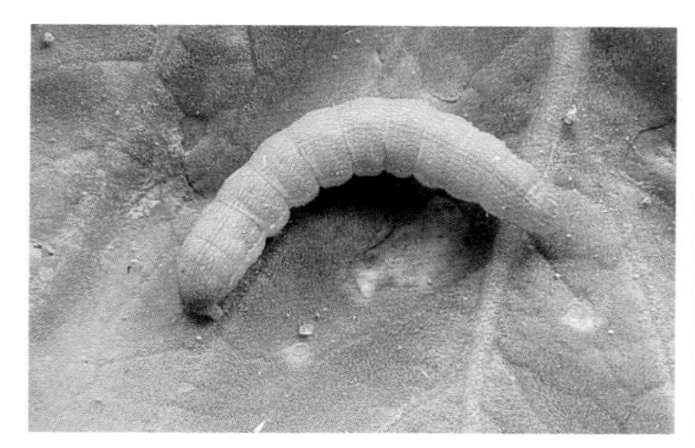
甜菜夜蛾高龄幼虫

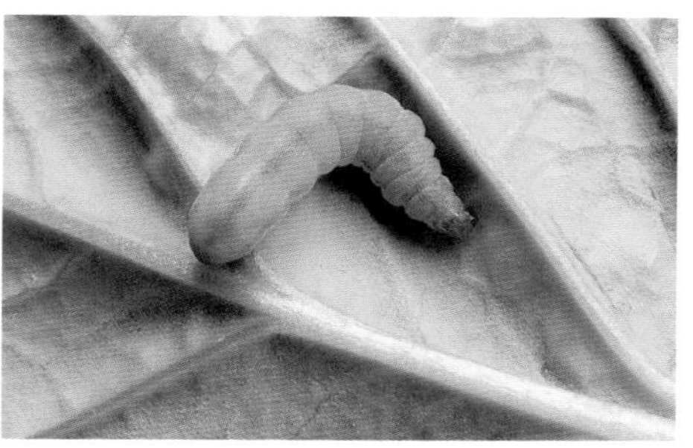
甜菜夜蛾老熟幼虫

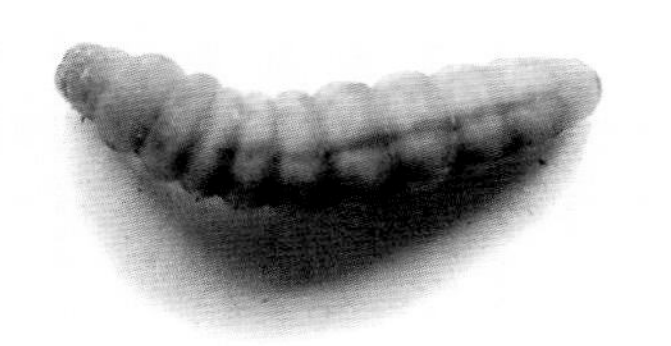
甜菜夜蛾预蛹

甜菜夜蛾化蛹初期

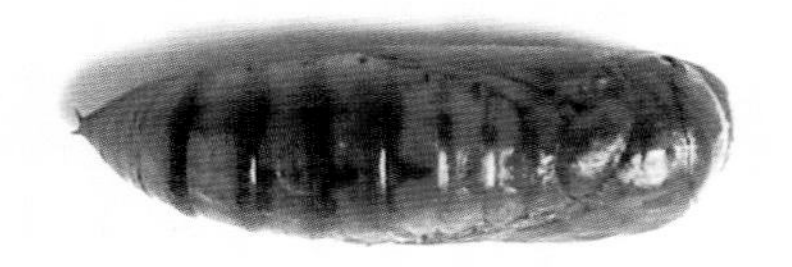
甜菜夜蛾背面

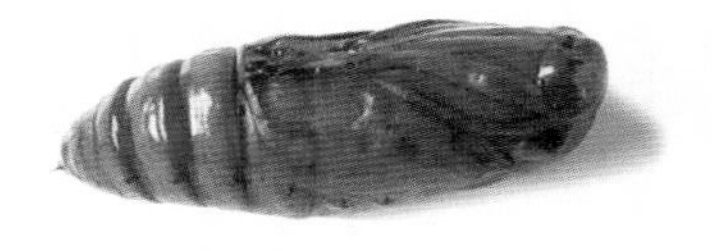
甜菜夜蛾腹侧面

危害状：以幼虫危害叶片，初孵幼虫群集叶背，吐丝结网，在其内取食叶肉，留下表皮，吃成透明的小孔。三龄后可将叶片吃成缺刻，严重时仅余叶脉和叶柄，致使菜苗死亡，造成缺苗断垄，甚至毁种。三龄以上的幼虫还可钻蛀甜椒、番茄果实，造成落果、烂果。

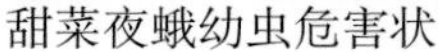

甜菜夜蛾幼虫危害状　　甜菜夜蛾严重危害状

生活习性：长江流域1年发生4 ～ 6代，广东10 ～ 11代，华北3 ～ 4代，以蛹在土中越冬，世代重叠。当土温升至10℃以上时，蛹开始羽化。成虫昼伏夜出，有强趋光性和弱趋化性。幼虫有假死性，受震后即落地。当数量大时，有成群迁移的习性。幼虫当食料缺乏时有自相残杀的习性。幼虫畏光，通常早晚或阴天在地上部取食，白天大都藏匿于叶背或茂密植株的中下部，有时隐藏于松表土及枯枝落叶中。幼虫老熟后，钻入4 ～ 9厘米的土内吐丝筑室化蛹。甜菜夜蛾喜温且对高温适应性强，在高温干旱年份常猖獗成灾，降水量大对其存活、繁殖和发生不利。一般以8月中旬至9月中旬虫口密度高。在北方，全年以7月以后发生严重，尤其是9、10月。

防治方法：在卵孵盛期可选用10亿PIB[*]/克甜菜夜蛾核型多角体病毒悬浮剂1 000 ～ 1 500倍液喷雾。其他可参考斜纹夜蛾。

银纹夜蛾

银纹夜蛾属鳞翅目夜蛾科，又名黑点银纹夜蛾、豆银纹夜蛾、菜步曲、豆尺蠖、大豆造桥虫、豆青虫等，危害白菜、甘蓝、花椰菜、萝卜等十字花科蔬菜，还有豆类、瓜类作物及莴苣、茄子等。

形态特征：成虫体黑褐色。后胸及第一、三节腹节背面有褐色毛块。前翅深褐色，翅中有一显著的U形银纹和一个近三角形银斑；后翅暗褐色，有金属光泽。卵半球形，白色至淡黄绿色，表面具网纹。末龄幼虫体淡绿色，虫体前端较细，后端较粗。头部绿色，两侧有黑斑；胸足及腹足皆绿

* PIB表示病毒的多角体。全书同。

色，第一、二对腹足退化，行走时体背拱曲。体背有纵向的白色细线6条，对称分布于背中线两侧，体侧具白色纵纹。蛹初期背面褐色，腹面绿色，末期整体黑褐色。臀刺具分叉钩刺，周围有4个小钩。

危害状：初孵幼虫取食叶肉，残留表皮，以后咬成孔洞或缺刻，排出粪便，污染叶片。大龄幼虫则可取食全叶及嫩荚。

银纹夜蛾成虫

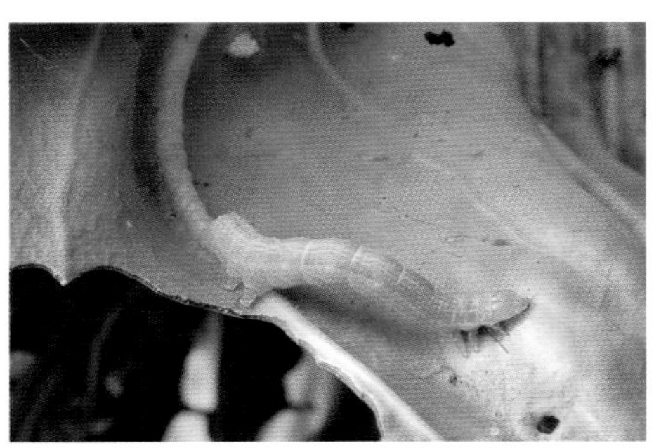

银纹夜蛾幼虫

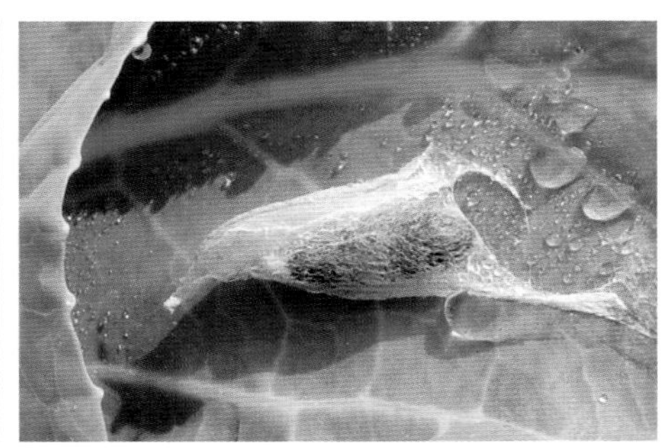

银纹夜蛾茧

银纹夜蛾蛹背面

银纹夜蛾蛹腹面

生活习性：浙江1年发生4代，山东5代，湖南6代，广州7代。以蛹越冬。成虫夜间活动，有趋光性，卵产于叶背，单产。幼虫有假死习性。幼虫老熟后多在叶背吐丝结茧化蛹。每年春秋两季与菜粉蝶、小菜蛾同时发生，呈双峰型，但虫口绝对数量远低于前两种。危害盛期7—9月。

防治方法：可参考斜纹夜蛾。

菜蚜（甘蓝蚜、萝卜蚜、桃蚜）

蚜虫有几十种，菜蚜主要有3种：甘蓝蚜主要危害甘蓝、花椰菜等；萝卜蚜又称菜缢管蚜，主要危害萝卜、白菜等；桃蚜可危害多种十字花科蔬菜及茄科、蔷薇科作物。

形态特征：见下表。

甘蓝蚜、萝卜蚜、桃蚜的危害对象与形态特征比较

	甘蓝蚜	萝卜蚜（菜缢管蚜）	桃蚜（烟蚜、菜蚜）
危害对象	主要危害甘蓝、花椰菜等叶面光滑、蜡质较多的蔬菜。分别出现在4月下旬至7月初和10月前后。日平均温度高于25℃时田间几乎见不到踪影。寡食性	主要危害白菜、甘蓝、萝卜、芥菜等十字花科蔬菜。春秋季是发生高峰，由于比桃蚜较耐高温，秋季发生要比春季重。寡食性	主要危害辣椒、番茄、茄子、马铃薯、菠菜、瓜类及甘蓝、白菜等十字花科蔬菜。发生呈春秋双峰型，分别出现在5—6月和10—11月前后。多食性
成虫	成蚜头、胸部为黑色，腹部暗绿色，有数条隐约可辨的暗绿色横斑纹，两侧各有5个黑点，全身覆有明显的白色蜡粉。腹管很短，尾片有毛6～7根。无翅雌成蚜全身暗绿色，特征同有翅蚜，触角第三节无感觉圈	有翅蚜头、胸部为黑色，腹部黄绿色至绿色，第一、二节背面及腹管后各节有2条淡黑色横带斑纹，腹管前各节两侧有黑斑，有时身体上有稀少的白色蜡粉。腹管暗绿色，较短。无翅蚜全身黄绿色稍有白色蜡粉，第五、六节各有一个感觉圈，胸部各节中央隐约似有一黑色横斑纹，腹管和尾片同有翅蚜	有翅蚜头、胸部为黑色，腹部体色多变，有绿色、淡暗绿色、黄绿色、褐色、赤褐色。腹背面有黑褐色的方形斑纹一个。腹管很长，绿色，圆柱形，端部黑色。体无白蜡粉。无翅雌蚜似卵圆形，体色多变，有绿色、黄绿色、樱红色、红褐色等，低温下颜色偏深，触角第三节无感觉圈，额瘤和腹管特征同有翅蚜
若虫	若蚜体形、体色类似无翅成蚜，仅个体略小。触角基部额瘤明显	体形、体色似无翅成蚜，仅个体较小，略显瘦长。触角基部额瘤大，明显	若蚜体形、体色与无翅成蚜相似，个体较小。触角基部额瘤大，明显，并向内倾斜

危害状：成蚜和若蚜均群集在幼苗、嫩叶、新梢、嫩茎、花梗、幼荚和近地面的叶上，吸食叶片汁液，使叶片失水和营养不良，造成叶面卷缩

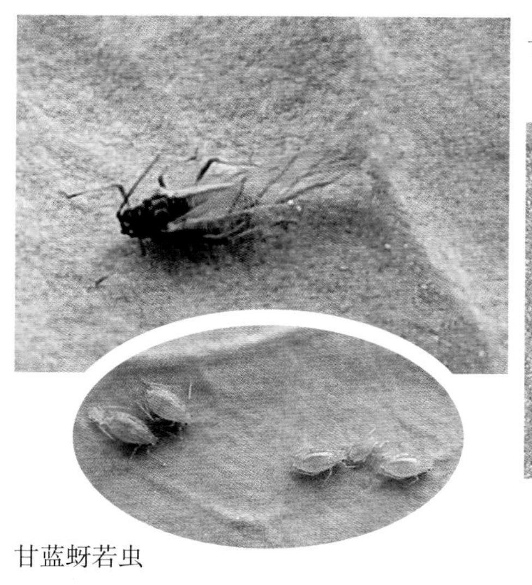

甘蓝蚜成虫

甘蓝蚜若虫

萝卜蚜成虫

萝卜蚜若虫

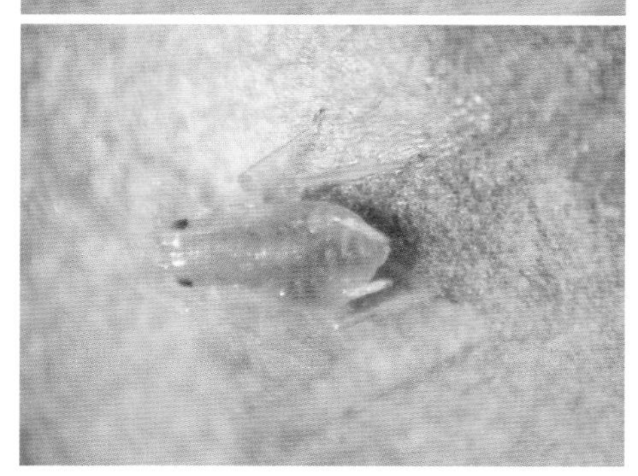

桃蚜若虫

桃蚜成、若虫

变形，植株生长不良和萎缩、萎蔫，甚至整株枯死。危害留种植株的嫩茎、花梗和嫩荚，使花梗扭曲畸形，不能正常抽薹、开花、结实。分泌的蜜露可诱发煤污病，污染蔬菜，影响结实。严重时大白菜、甘蓝不能结球，种株不能结实。此外，还传播多种蔬菜病毒病。

甘蓝蚜危害大白菜

甘蓝蚜危害萝卜

萝卜蚜危害芥菜

桃蚜危害大白菜

生活习性：蚜虫对黄色有较强的趋性，对银灰色有忌避习性；且具较强的迁飞和扩散能力；蚜虫在高温30℃左右，特别是干旱时易发生，各种虫态集中在一起。一般春秋两季发生较多，形成两个危害高峰。由于桃蚜较萝卜蚜耐低温，而萝卜蚜较桃蚜耐高温，故每年12月下旬至翌年5月田间发生的菜蚜优势种主要是桃蚜，7月至10月上旬田间发生的主要是萝卜蚜，甘蓝蚜常与桃蚜混合发生。早春气温偏高、降雨偏少，发生重。

防治方法：①农业防治。菜田要合理布局，减少蚜虫在田间迁飞；夏季可不种或少种十字花科蔬菜，以切断或减少秋菜的蚜源和毒源；蔬菜收获后及时清理田间残株败叶，铲除杂草。②物理防治。在田间悬挂或覆盖银灰膜避蚜，或在田间设置黄板诱杀有翅蚜，也在塑料大棚上使用滤紫外线薄膜，或用40 ~ 45目银灰色遮阳网。③药剂防治。宜尽早用药，将其控制在点片发生阶段，间隔期10 ~ 15天1次，连续用药2 ~ 3次，把有翅蚜消灭在大量发生或迁飞扩散之前，喷药时要周到细致。药剂可选用1%印楝素水剂500倍液，或1.8%阿维菌素乳油4 000倍液，或10%吡虫啉可湿性粉剂1 500 ~ 2 500倍液，或25%噻虫嗪水分散粒剂4 000 ~ 6 000倍液，或20%啶虫脒乳油5 000倍液，或10%烯啶虫胺水剂2 000 ~ 3 000倍液，或20%烯啶虫胺·噻虫啉水分散粒剂3 000 ~ 4 000倍液，或20%溴氰·吡虫啉悬浮剂1 500 ~ 2 000倍液，或22%氟啶虫胺腈悬浮剂4 500 ~ 5 000倍液，或22.4%螺虫乙酯悬浮剂3 000 ~ 4 000倍液。

黄曲条跳甲

黄曲条跳甲属鞘翅目叶甲科害虫，俗称狗虱虫、跳虱，简称跳甲，以危害甘蓝、花椰菜、白菜、萝卜、芜菁等十字花科蔬菜为主，也危害茄果类、瓜类、豆类及绿叶菜类等蔬菜。

黄曲条跳甲成虫

形态特征：成虫体黑色有光泽，前胸背板及鞘翅上有许多刻点，排成纵行。鞘翅中央有一黄色曲条，后足腿节膨大，适于跳跃。幼虫稍呈长圆筒形，头部淡褐色，胸腹

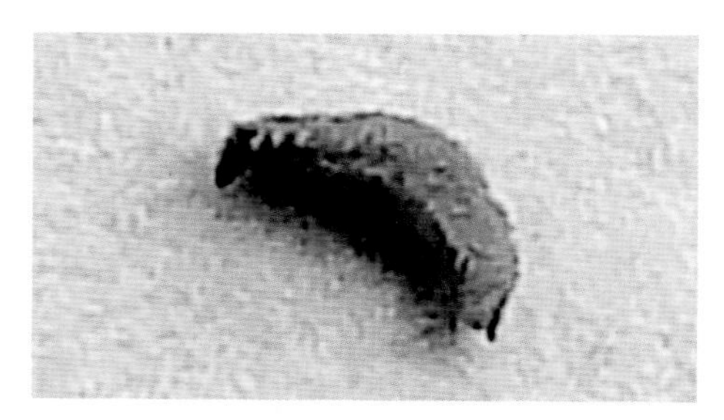

黄曲条跳甲幼虫

部淡黄白色，尾部稍细。卵椭圆形，初产时淡黄色，后变乳白色。蛹椭圆形，乳白色，头部隐于前胸下面，腹末有一对叉状突起。

危害状：成虫、幼虫均可危害，以成虫危害较大。成虫食叶，以幼苗期危害严重，刚出土的幼苗子叶被吃光后整株死亡，造成缺苗断垄。成虫咬食过的叶片有许多小椭圆形孔洞，严重时将叶肉全部吃光，仅剩叶脉。幼虫生活在土中，只危害菜根，剥食菜根皮或蛀入根内形成许多隧道，使植株凋萎枯死，尤其是菜苗根部受害，会造成整片死亡。萝卜被害出现许多黑斑，最后整个变黑腐烂。此外，还可传播软腐病。

黄曲条跳甲成虫危害白菜叶片

黄曲条跳甲成虫危害白菜

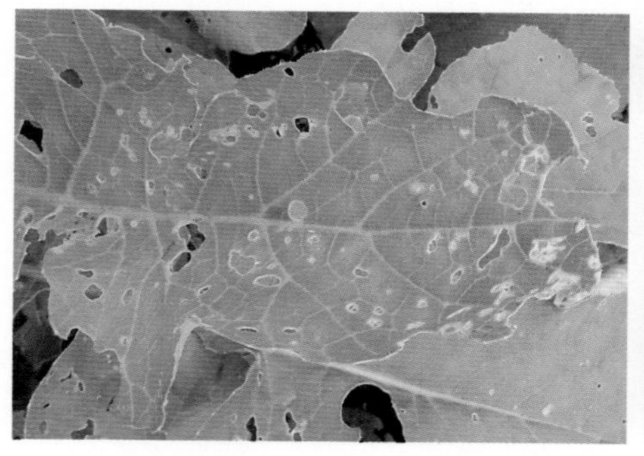

黄曲条跳甲成虫危害萝卜叶片

黄曲条跳甲成虫危害萝卜

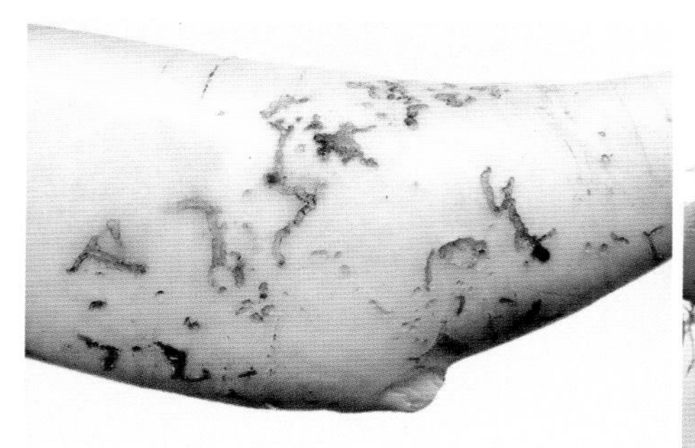

黄曲条跳甲幼虫危害萝卜肉质根

生活习性：南方1年发生7～8代，浙江、上海6～7代，华中5～7代，北方3～5代。在华南及福建漳州等地无越冬现象，可终年繁殖。以成虫在田间与沟边的残株落叶、杂草及土缝中越冬。越冬成虫于3月中下旬开始出蛰活动，4月上旬开始产卵，以后每月发生1代。因成虫寿命长，致使世代重叠。春季第一、二代和秋季第五、六代为主害代，秋季重于春季。成虫具趋光、趋黄、趋绿性，耐饥力很强，夜间隐蔽。偏嗜十字花科蔬菜，十字花科蔬菜连作受害重。

防治方法：①十字花科蔬菜和其他类蔬菜轮作，可减轻危害。②清除菜地残株落叶，铲除杂草，消除其越冬场所和食料基地，以减少虫源。③秋、冬季深翻，消灭越冬成虫。④土壤处理。在播种或定植前后用撒毒土、淋施药液法处理土壤，毒杀土壤中的幼虫和蛹。每亩可用5%辛硫磷颗粒剂2～3千克，或1%联苯·噻虫胺颗粒剂4～5千克，撒施或穴施；也可用30%氯虫·噻虫嗪悬浮剂1 500～2 000倍液，或25%噻虫嗪水分散粒剂3 000～5 000倍液，或70%吡虫啉可湿性粉剂10 000倍液，在苗床进行灌根或喷淋。⑤生长期叶面喷施抓住春夏季的发生始盛期和秋冬季的发生盛期两个重要时期，掌握苗期早治。在成虫开始活动尚未产卵时，重点在苗期，幼苗出土后发现被害，每株菜有成虫2～3头时立即用药。药剂可选用5%氯虫苯甲酰胺悬浮剂1 500倍液，或10%溴氰虫酰胺可分散油悬浮剂1 500～2 000倍液，或28%杀虫·啶虫脒可湿性粉剂1 200～1 500倍液，或20%啶虫·哒螨灵微乳剂2 000～3 000倍液，或22.5%氯氟·啶虫脒乳油1 500～2 000倍液，或10%氯氰菊酯乳油1 500倍液。成虫善跳跃，活动性强，应在成虫活动盛期（春秋季在中午前后，夏季在早晨和傍晚）用药。

采用包围式喷药，即应从田四周向中央喷，防止成虫逃走。喷药作业时动作宜轻，勿惊扰成虫。

小猿叶甲与大猿叶甲

小猿叶甲与大猿叶甲均属鞘翅目叶甲科，是寡食性害虫，主要危害十字花科蔬菜，嗜食白菜、萝卜、花椰菜、芥菜等。小猿叶甲与大猿叶甲常混合发生。

形态特征：见下表。

小猿叶甲与大猿叶甲形态特征比较

	小猿叶甲	大猿叶甲
成虫	体近圆形，蓝黑色，有明显金属光泽，小盾片近圆形，有小刻点；鞘翅上有细密点刻，排成11行，后翅退化，不能飞翔	体椭圆形，暗蓝黑色，略有金属光泽，小盾片三角形，光滑无刻点；前胸背板及鞘翅上有刻点，后翅发达，能飞翔
卵	长椭圆形，一端较钝，暗黄色	长椭圆形，橙黄色
幼虫	初孵幼虫淡黄色，后变褐色，头黑色有光泽，各体节具黑色肉瘤8个，其上有刚毛。沿亚背线的一行肉瘤最大，越向下越小	头黑色，体灰黑带黄色，各体节有大小不等的黑色肉瘤20个左右，气门下线及基线上肉瘤最显著
蛹	近半球形，淡黄色。体上生褐色短毛，尾端不分叉	近半球形，黄色至黄褐色。体略大，被刚毛，尾端分叉，淡紫色

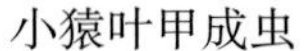

小猿叶甲成虫

小猿叶甲低龄幼虫

小猿叶甲幼虫及危害状

小猿叶甲高龄幼虫

大猿叶甲成虫

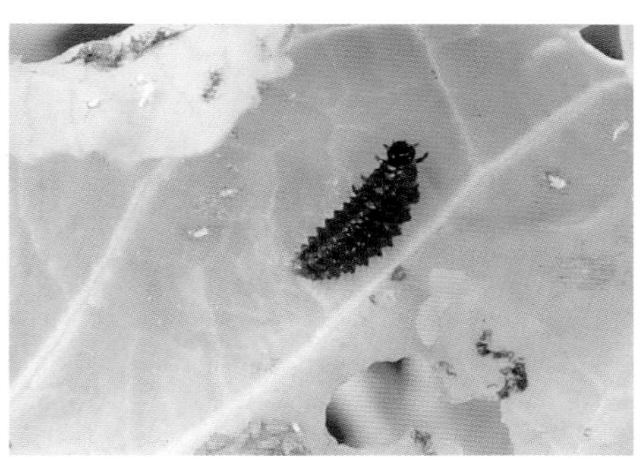

大猿叶甲幼虫

危害状：成虫和幼虫均食叶片，并且群聚危害，把叶吃成许多圆孔，虫口多时，致使叶片千疮百孔，严重时吃成网状，仅留叶脉，残留的叶脉成扫把状。虫粪污染叶片，降低品质。

小猿叶甲幼虫危害萝卜

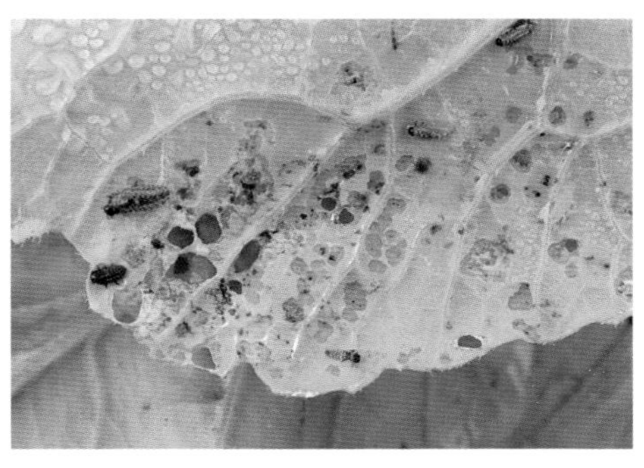

小猿叶甲低龄幼虫危害白菜

小猿叶甲幼虫危害白菜

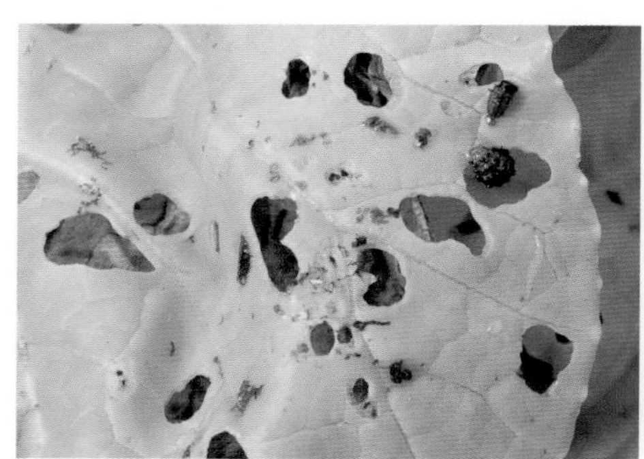

大猿叶甲幼虫危害白菜

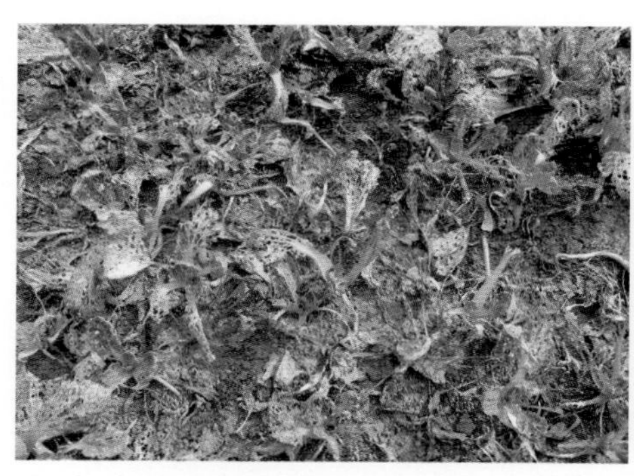

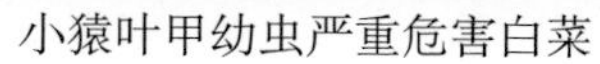

小猿叶甲幼虫严重危害白菜

大猿叶甲幼虫严重危害白菜

生活习性：1年发生代次由北到南1 ~ 6代，北方1 ~ 2代，长江流域3 ~ 4代，广东、广西5 ~ 6代。在长江流域以成虫在5厘米表土层越冬，少数在枯叶、土缝、石块下越冬，在广东无明显越冬现象。翌春气温上升至10℃以上时越冬成虫开始活动，在浙江2月底、3月初成虫开始活动，3月中旬产卵，3月底孵化，4月成虫和幼虫混合危害最严重，每年4—5月和9—10月为两次危害高峰，通常秋季大白菜受害较重。成虫、幼虫都有假死习性，受惊即缩足落地。幼虫喜在心叶取食，昼夜活动，晚上更活跃。

防治方法：①收获后及时清除田间残株，收集落叶、杂草等，集中销毁或深埋。②利用成虫、幼虫的假死性，人工捕杀。③冬翻和夏翻消灭蛰伏成虫。④在低龄幼虫期用药防治。药剂可选90%敌百虫晶体1 000倍液，或50%辛硫磷乳油、5%氯氰菊酯乳油1 000 ~ 1 500倍液，或10%溴氰虫酰胺可分散油悬浮剂2 000倍液，或30%氯虫·噻虫嗪悬浮剂2 500倍液，或2.5%溴氰菊酯乳油3 000 ~ 4 000倍液，或0.2%阿维菌素乳油1 500倍液。在春秋两季各代始盛期开始，每7 ~ 10天防治1次，连续2次。

美洲斑潜蝇

危害状：成虫、幼虫均可危害。雌成虫刺伤植物叶片进行取食和产卵，形成褪绿斑点，幼虫潜入叶片和叶柄危害，形成先细后宽的蛇形弯曲盘绕虫道，其内有交替排列整齐的黑色虫粪，老虫道后期呈棕色的干斑块区，一般1虫1道。

美洲斑潜蝇危害状

形态特征、生活习性及防治方法：参考茄果类蔬菜害虫美洲斑潜蝇。

烟粉虱

危害状：以成虫和若虫群集叶背吸食植物汁液，被害叶片萎缩、褪绿、变黄、萎蔫，青花菜出现白茎，甚至全株枯死；萝卜受害表现为颜色白化、无味、重量减轻。由于分泌蜜露，污染叶片和果实，往往引起煤污病的发生，影响植株光合作用，此外还传播病毒病。

形态特征、生活习性及防治方法：参考茄果类蔬菜害虫烟粉虱。

烟粉虱成虫群集

烟粉虱危害花椰菜造成煤污病

黄守瓜

形态特征、危害状、生活习性及防治方法：详见瓜类蔬菜害虫黄守瓜。

黄守瓜成虫危害状

黄守瓜严重危害萝卜叶片

棕榈蓟马

危害状：成虫、若虫以锉吸式口器取食心叶、嫩芽，造成嫩叶皱缩卷曲，甚至黄化、干枯、凋萎，严重的可使植株枯萎，还可传播多种病毒病。

形态特征、生活习性及防治方法：参考瓜类蔬菜害虫棕榈蓟马。

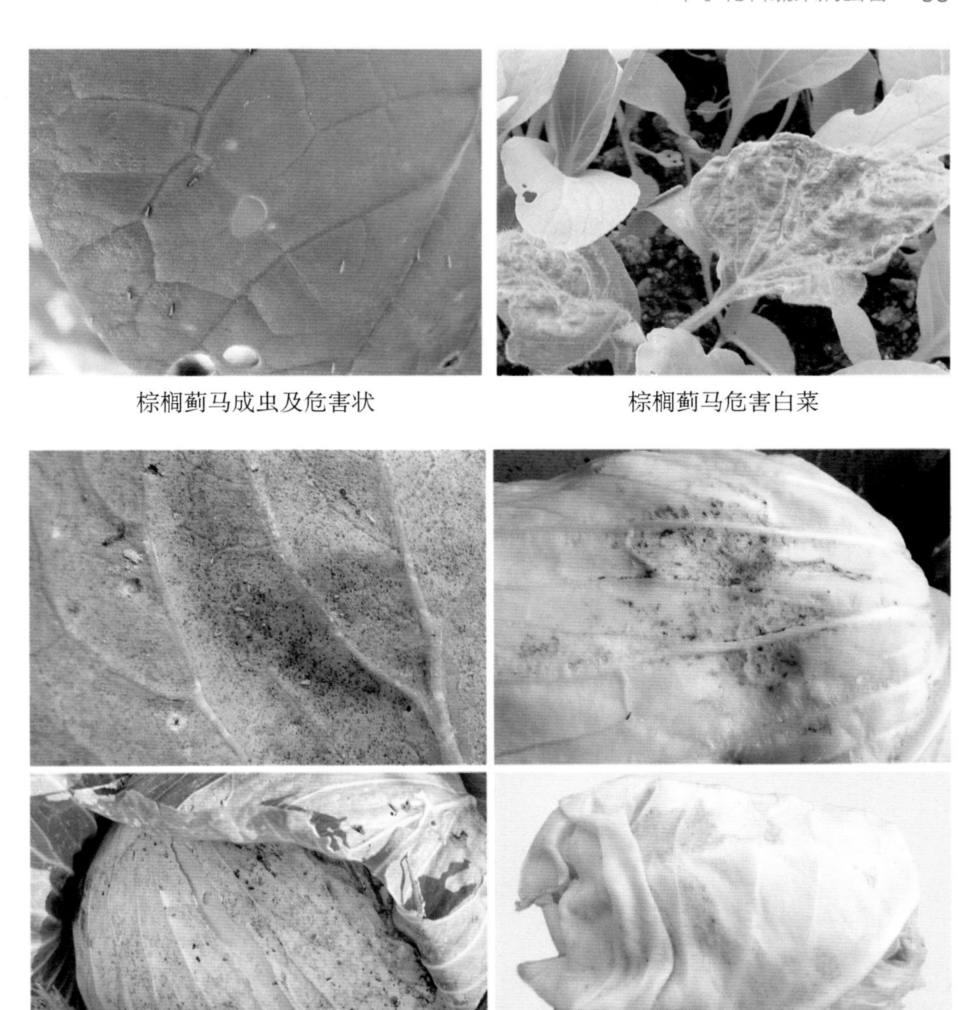

棕榈蓟马成虫及危害状

棕榈蓟马危害白菜

棕榈蓟马危害甘蓝

中华稻蝗

中华稻蝗属直翅目蝗科，主要危害水稻、玉米、茭白及其他禾本科植物及豆科、旋花科、锦葵科、茄科、十字花科等多种植物。

形态特征：成虫黄绿色、黄褐色、绿色，前翅前缘绿色，其余淡褐色，头宽大，头顶向前伸，颜面隆起而宽，两侧缘近平行，具纵沟。复眼卵圆形，触角丝状，前胸背板发达，呈马鞍形，向后延伸覆盖中胸。中胸和后胸两侧各有一条横缝将中、后胸分别划分为前后两部分。前翅狭长，且长于后翅，革质比较坚硬，后翅宽大，柔软膜质。卵长圆筒形，中间略弯，深黄色，胶质卵囊褐色，包在卵外面。若虫（蝗蝻）5 ~ 6龄，体形与成虫相似。一龄灰绿色，无翅芽；二龄绿色，头胸侧的黑褐色纵纹开始显现；三龄浅绿色，头胸两侧黑褐色纵纹明显，沿背中线淡色中带明显，微露翅芽；四龄翅芽呈三角形，长未达腹部第一节；末龄翅芽超过腹部第三节。

中华稻蝗成虫

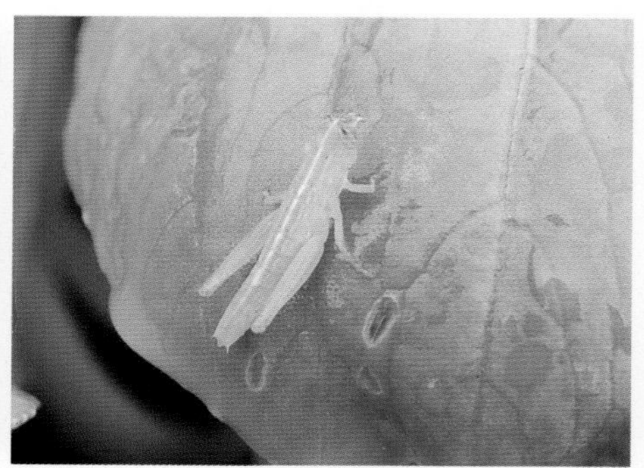

中华稻蝗若虫

危害状：成虫、若虫均能取食蔬菜叶片，造成缺刻，严重时全叶被吃光，仅残留叶脉。

生活习性：长江流域及北方地区1年发生1代，广东2代，以卵块在田埂、荒滩、堤坝等土中1.5 ~ 4.0厘米深处或杂草根际、残株间越冬。成虫、若虫日出活动，以灌渠两侧发生偏多。成虫多在早晨羽化，在性成熟前活动频繁，飞翔力强。对白光和紫光有明显趋性，夜晚闷热时有扑灯习性。产卵环境以湿度适中、土质松软的田埂两侧最为适宜。低龄若虫在孵化后有群集生活习性，三龄以后开始分散危害，迁入稻田、茭白田、莲藕田边，四、五龄若虫可扩散到全田危害。田埂边发病重于田块中间。浙江5月中下旬孵化，7、8月羽化为成虫，9月中下旬为产卵盛期。广东第一代蝗虫出现于6月上旬，第二代成虫出现于9月上中旬。越冬卵于翌年3月下旬至清明前孵化，一至二龄若虫多集中在田埂或路边杂草上；二龄开始趋向农田，取食危害，食量渐增；四龄起食量大增，至成虫时食量最大。

防治方法：①秋冬季修整渠沟、铲除杂草，春季平整田埂、除草，破坏越冬虫卵的生态环境，可大量减少越冬虫源。②保护青蛙、蟾蜍、麻雀、大寄生蝇等天敌，可有效抑制该虫发生。③抓住三龄前蝗蝻喜群集在田埂、地边、渠旁取食杂草嫩叶的特点，突击防治，减少稻蝗迁移本田的基数。主要是抓好蝗蝻未扩散前集中在田埂、地头、沟渠边等杂草上以及蝗蝻扩散前期在大田田边5米范围内危害茭白、莲藕时用药。当进入三至四龄后常转入大田，当百株有虫10头以上时，应及时喷洒5%氟虫脲乳油或50%辛硫磷乳油1 000倍液，或2.5%氯氟氰菊酯乳油2 000 ～ 3 000倍液，或10%氯氰菊酯乳油1 500倍液，或2.5%高效氟氯氰菊酯乳油1 500 ～ 2 000倍液。也可每亩用5%吡虫啉乳油15 ～ 20毫升，或200亿孢子/克球孢白僵菌可分散油悬浮剂50 ～ 100毫升。还可在低龄若虫期喷施10 000倍液20%灭幼脲1号悬浮乳剂，间隔10天用药1次，连续2 ～ 3次。

短额负蝗

短额负蝗属直翅目蝗科，别名中华负蝗、尖头蚱蜢，主要危害白菜、甘蓝、萝卜、茄子及豆类等多种蔬菜，还危害水稻、小麦、玉米、马铃薯、烟草、棉花、芝麻、甘薯、甘蔗及麻类等植物。

形态特征：成虫体色有绿色或褐色（冬型）。头尖削，头额前冲，尖端着生一对触角。绿色型自复眼起向斜下方有一条粉红纹，与前、中胸背板两侧下线的粉红纹衔接。体表有浅黄色瘤状突起，后翅基部红色，端部淡绿色，前翅长度超过后足腿节端部约1/3。卵长椭圆形，黄褐色至深黄色，中间稍凹陷，一端较粗钝，卵壳表面有鱼鳞状花纹。若虫共5龄，体色草绿色或稍带黄色，形态基本同成虫，只是翅芽由发育不全过渡到翅芽发育逐步健全。

短额负蝗成虫

短额负蝗成虫交尾

短额负蝗蝗蝻

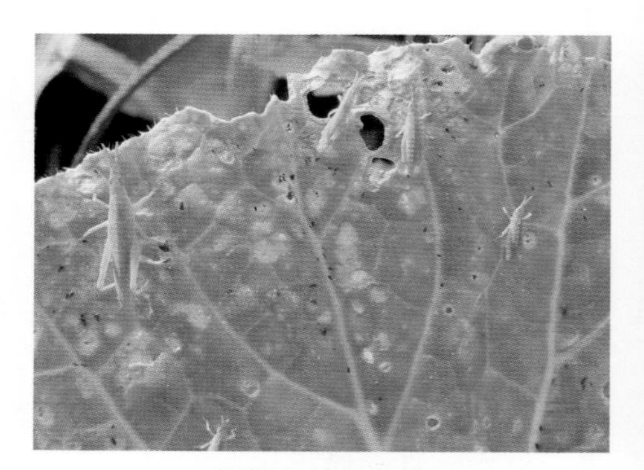

短额负蝗危害状

危害状：成虫、若虫食叶成缺刻，严重时全叶被吃光，仅残留叶脉，还可传播细菌性软腐病。

生活习性：在华北1年发生1代，江西2代，以卵在沟边土壤中越冬。5月下旬至6月中旬为孵化盛期，初孵若虫先取食杂草，三龄后扩散危害茭白、水稻及豆类、十字花科蔬菜等。7—8月羽化为成虫。喜栖于地被多、湿度大、双子叶植物茂密的环境，在灌渠两侧发生多。

防治方法：①在秋季、春季铲除田埂、地边5厘米以上的土及杂草，把卵块暴露在地面晒干或冻死，也可重新加厚地埂，增加盖土厚度，使孵化后的蝗蝻不能出土。②抓住初孵蝗蝻在田埂、渠堰集中危害双子叶杂草，且扩散能力极弱时进行防治，药剂可参考中华稻蝗。

灰巴蜗牛

灰巴蜗牛属腹足纲柄眼目巴蜗牛科，可危害葫芦科、十字花科、豆科、茄科等多种作物。

形态特征：贝壳中等大小，壳质稍厚，坚固，呈圆球形。壳有5.5 ~ 6.0个螺层，顶部几个螺层增长缓慢、略膨胀，体螺层急剧增长、膨大。壳面黄褐色或琥珀色，并具有细致而稠密的生长线和螺纹。壳顶尖，缝合线深。壳口呈椭圆形，口缘完整，略外折，锋利，易碎。卵圆球形，白色。幼贝体形与成贝相似，稍小。

灰巴蜗牛成贝

危害状：成贝和幼贝以齿舌刮食叶、茎，造成孔洞或缺刻，或咬断幼苗，造成缺苗断垄。

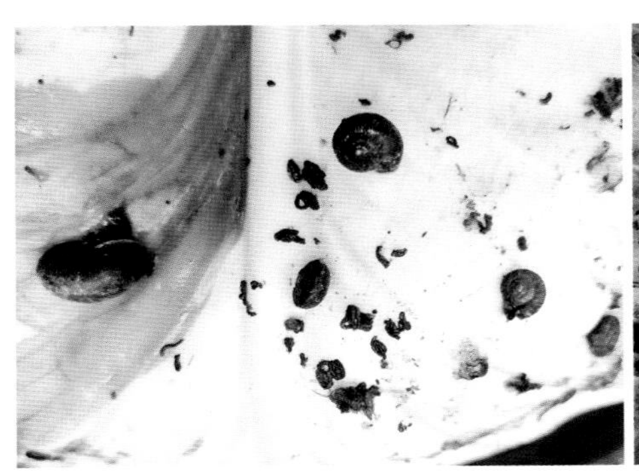

灰色蜗牛危害状

生活习性：上海、浙江1年发生1代，11月下旬以成贝和幼贝在田埂土缝、残株落叶、作物根部、草堆石块下及其他潮湿阴暗处及宅前屋后的物体下越冬。翌年3月上中旬开始活动，白天潜伏，傍晚或清晨取食，遇有阴雨天多整天栖息在植株上。初孵幼贝多群集在一起取食，长大后分散危害，喜栖息在植株茂密低洼潮湿处。阴雨天可昼夜活动取食，干旱时昼伏夜出。7—8月危害秋播作物。温暖多雨天气及田间潮湿地块受害重。

防治方法：①采用高畦栽培、地膜覆盖、破膜提苗等方法，可减少危害。②施用充分腐熟的有机肥。③铲除田间杂草，以减少蜗牛的食物来源；清除保护地内的垃圾、砖头、瓦片等物，减少蜗牛的躲藏之处。及时中耕，排出积水，可减轻危害。秋冬翻地可消灭越冬蜗牛。④鲜草诱捕。在保护地内栽苗前，可用新鲜的杂草、树叶、菜叶等堆放在田间，天亮前集中捕捉，将其投入放有食盐或生石灰的盆内灭杀。⑤在田边、沟边撒生石灰带或茶枯粉，可防止蜗牛进入危害。每亩用5 ~ 7.5千克生石灰，或茶枯粉3 ~ 5千克，撒于地头及作物行间（呈带状），一般需隔4 ~ 5天撒施几次。⑥药剂防治。蔬菜出苗或移栽后，一般在发生初盛期，每亩用6%四聚乙醛颗粒剂465 ~ 665克混干沙土10 ~ 15千克，于傍晚均匀撒施在田间蜗牛经常出没处或受害植株的行间垄上，也可条施、点施（点距40 ~ 50厘米），2 ~ 3天后接触药剂的蜗牛分泌大量黏液而死亡。还可用5%四聚·杀螺胺颗粒剂每亩500 ~ 600克，宜在傍晚施药。防治适期以蜗牛产卵前为宜，田间有小蜗牛时再防1次效果更好。以雨后转晴的傍晚施药效果最佳，施药后不宜浇水或进入田间踩踏，不宜与化肥或其他农药混用。

蛞蝓

蛞蝓属腹足纲柄眼目蛞蝓科，又称水蜒蚰、蜒蚰，俗称鼻涕虫，是一种软体动物，危害草莓、菠菜、莴苣、茄子、番茄、百合、芹菜、甘蓝、花椰菜、白菜及豆类等，也可危害杂草。

形态特征：成虫体裸露，柔软无壳，暗灰色或黄白色。头前端有2对触角，暗黑色。眼长在后触角顶端，黑色。头前方有口，腹足扁平，爬过的地方留有白色痕迹。卵椭圆形，白色透明，可见卵核，近孵化时色变深。幼虫体形同成虫，稍小。

蛞　蝓

危害状：蛞蝓以齿舌刮食幼芽、嫩叶、嫩茎，幼苗受害可造成缺苗断垄，严重时成片被毁；成株期叶片出现缺刻或孔洞，严重时仅残存叶脉。植株受其排泄的粪便污染，易诱发菌类侵染而导致腐烂，降低产量和品质。

蛞蝓危害甘蓝

生活习性：1年发生2～6代，以成体或幼体在作物根部湿土下越冬。春季危害，夏季气温升高后活动减弱，秋季气候凉爽后复出危害。5—7月在田间大量活动危害。蛞蝓雌雄同体，异体受精，亦可同体受精繁殖。卵产于湿度大、隐蔽的土缝中。蛞蝓怕光，因此均夜间活动。耐饥力强，喜阴暗潮湿环境，高温、干旱或田间积水时则生长受抑制或死亡。

防治方法：参考灰巴蜗牛。

二、茄果类蔬菜病虫害

（一）茄果类蔬菜病害

茄果类蔬菜苗期猝倒病

猝倒病又称绵腐病，是茄果类蔬菜苗期的主要病害。主要危害茄子、辣椒、番茄、黄瓜幼苗。

症状：发病初期，病苗基部呈水渍状，淡绿色至黄褐色。发病后期，病部干缩，组织腐烂，缢缩凹陷或呈线状，造成幼苗突然倒地死亡。由于病情发展较快，在病苗子叶尚未萎蔫之前病苗便折倒贴附地面，幼苗刚倒地时叶片仍然青绿，故称猝倒病。开始时仅个别幼苗发病，3～5天后即可全面发病，感染大片幼苗倒地死亡。湿度大时，病残体表面和附近土表长出白色棉絮状霉。也可侵染果实，引致绵腐病。幼果多始发于脐部，病斑黄褐色水渍状，分界明显，最后整个果实腐烂，外面长出一层白色絮状菌丝。

辣椒猝倒病发病状

发生规律：由土壤习居菌瓜果腐霉菌侵染所致。病菌腐生性很强，在有机质含量高的土壤中多能长期存活，病菌以卵孢子随病残体留在地上越冬。感病生育期在幼苗期。土温低于15～16℃时发病迅速。土壤温度低、湿度大，有利于病菌的生长与繁殖。通常在苗床连作、棚内温度过低、湿度过大、播种过密、光照差、通风不良、管理粗放的田块发病重。幼苗子叶中养分快耗尽而新根尚未扎实之前，幼苗营养供应紧张，抗病力最弱，此时如遇到低温高湿环境会突发此病。地势低洼、排水不良和黏重土壤及使用未腐熟堆肥的苗床易发病。早春低温阴雨天气多的年份发病严重。浙江及长江中下游地区主要发病盛期为2—4月。

防治方法：①苗床应选择地势高、排灌方便的水田土或多年未种过蔬菜的泥土，苗床要整平、松细。肥料要充分腐熟，撒施均匀，并用噁霉灵、霜霉威喷施苗床消毒杀菌。严格选用无病床土，先铺药土，再播种，然后覆一层药土。②加强苗期管理。播种密度不宜过大，出苗前少浇水；控制温度、湿度、光照，可结合揭膜炼苗；出苗后注意及时分苗，严格控制苗床温度，并为幼苗覆盖干土，苗床内温度应控制在20 ~ 30℃，地温保持在16℃以上，注意提高地温，降低土壤湿度，防止出现10℃以下的低温和高湿环境。缺水时可在晴天喷洒，切忌大水漫灌。及时检查苗床，发现病苗立即拔除。③幼苗出土应及时喷药防治，并定期喷淋；发现病株要立即拔除，并喷30%噁霉灵可湿性粉剂800倍液，或72.2%霜霉威水剂600倍液，或64%噁霜·锰锌可湿性粉剂600 ~ 800倍液，或68%甲霜·锰锌水分散粒剂600 ~ 800倍液进行防治。应注意喷洒幼苗嫩茎和发病中心附近病土，隔7 ~ 10天1次，一般防治1 ~ 2次。也可用每平方米5 ~ 8毫升66.5%霜霉威盐酸盐水剂灌根。施药后注意苗床保温和提高土壤温度，往床面上撒些细干土降低土壤湿度，有利于提高防治效果。

茄果类蔬菜苗期立枯病

立枯病又称死苗、霉根，是茄果类蔬菜幼苗常见的病害之一。

症状：刚出土幼苗及大苗均可发病，但多发生在育苗中后期。幼苗受侵染后，茎基部或根部出现椭圆形或近圆形褐色病斑，病部凹陷，病斑向上下左右扩展，细缢呈线状，当病斑绕茎一周后，病部萎缩干枯，严重时木质部逐渐外露。开始时病苗白天中午表现萎蔫，晚上和清晨可以恢复。反复数日后，病株萎蔫直立枯死而不折倒，故称立枯病。潮湿时，病部可长出稀疏的淡褐色网状霉层，后期形成菌核。

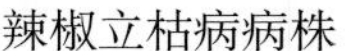

辣椒立枯病病株

辣椒立枯病茎基部凹陷缢缩干枯

发生规律：此病由立枯丝核菌侵染所致，为土壤习居菌，病菌以菌丝体或菌核在土中越冬，可在土中腐生2 ～ 3年。病菌不产生孢子，主要以菌丝体传播繁殖，也可通过水流、农具、带菌堆肥等传播。病菌喜湿耐旱，发病最适宜的条件为温度20 ～ 24℃。土壤水分多、施用未腐熟的有机肥、播种过密、间苗不及时、幼苗生长衰弱、土壤酸性等的田块发病重。育苗期间阴雨天气多、光照少的年份发病重。长江中下游地区主要发病盛期为2—4月。感病生育期在幼苗期。

防治方法：①提倡用营养钵育苗，使用腐熟的有机肥。春季育苗，播种后一般不浇水，可采用撒施细湿土的方法保持土壤湿度，注意提高地温。夏季育苗可采取遮阳措施，防止出现高温高湿。苗期喷0.1%～0.2%的磷酸二氢钾，可增强抗病能力。②种子处理。可用2.5%咯菌腈悬浮剂10毫升加水150 ～ 200毫升混匀后拌种5 ～ 10千克，晾干后即可播种。③药剂防治。于发病初期用30%噁霉灵可湿性粉剂800倍液，或72.2%霜霉威水剂600 ～ 800倍液，或68.75%氟菌·霜霉威悬浮剂700倍液，或25%异菌脲·锰锌·多菌灵可湿性粉剂600 ～ 800倍液，或1.5%多抗霉素可湿性粉剂

150 ～ 200倍液，重点喷洒幼苗茎基部及地面周围，视病情发展7 ～ 10天喷1次，共喷2 ～ 3次。也可用0.1%吡唑醚菌酯颗粒剂每平方米35 ～ 50克撒施。

番茄灰霉病

番茄灰霉病主要危害番茄、黄瓜、茄子、辣椒，还危害瓜类、豆类、叶菜类等多种蔬菜。

症状：幼苗发病时，叶尖发黄，病斑呈V形，后扩展到子叶和幼茎，幼茎被害，初为水渍状斑，后茎腐烂、变细，上生大量的灰色霉层，后期常自病部折倒而死。成株期发病，植株上部的花穗、果实、叶片、茎秆均可染病，主要危害果实。果实被害，先在果柄托叶凹陷处呈水渍状灰白色病斑，扩大后病斑凹陷，褐色软腐，潮湿时病部表面有灰色霉层，染病后一般不脱落。叶片受害，多从叶尖端或叶缘开始出现淡褐色V形病斑，逐渐向内扩展形成深浅相间的轮纹，病健部界限明显，病斑后期干枯，严重时叶片枯死。茎部发病多发生于分枝处或基部，先产生水渍状小斑点，后发展成长椭圆形淡褐色大斑，严重时绕茎一周，其上端枝叶枯死，病枝易折断，高湿时表面产生大量灰白色霉层。花被害时一般从初花期即有发生，花瓣及萼片处变软，萎缩腐烂，表面生霉，严重时整个花死亡，并向其他的花上蔓延，使整穗的花死亡。无论是幼苗、大苗或成株期叶片、茎秆、花器、果实的发病后期，病部均会产生灰褐色的霉层。

发生规律：病菌以菌核、菌丝体及分生孢子梗随病残体遗落在土中越夏或越冬，并能在其他有机物上营腐生生活，借气流、雨水和生产活动进

番茄灰霉病叶片上典型的V形病斑

番茄灰霉病叶片背面灰霉

番茄灰霉病病斑绕茎一周

番茄灰霉病危害茎干

番茄灰霉病严重危害状

番茄灰霉病病果

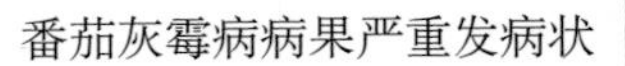

番茄灰霉病病果严重发病状

行传播。一般病菌的侵染都是从寄主死亡或衰弱的部位开始。最适感病生育期为始花至坐果期，坐果期是发病盛期。病菌喜低温、高湿、弱光，发育适温为20 ～ 23℃，空气相对湿度达90%时开始发病，高湿维持时间长发病严重。栽培上种植过密、通风透光差、氮肥施用过多的田块发病重，特别是保护地春季阴雨连绵、气温低、关棚时间长、通风换气不良，极易引发病害。长江中下游地区灰霉病的主要发病盛期在冬春季2月中下旬至5月，早春温度偏低、多阴雨、光照时数少的年份发病重。在开花期遇到连阴天，在果蒂附近发病的果实就多；如在果实开始膨大时遇到连阴天，在果实脐部发病的较多。

防治方法：①推广应用抗病番茄品种。②发病重的地块，提倡与水生蔬菜或禾本科作物轮作2 ～ 3年，避免与生菜（叶用莴苣）、芹菜、草莓等作物接茬。③清洁田园。生长期间及时打掉植株下部的老叶，及时摘除病果、病花、病叶，收获后及时清除病残体，带出田外深埋或销毁，深翻土壤。④棚室消毒。大棚定植前进行高温闷棚和熏蒸消毒，杀灭土壤和棚室设备上的病菌。在番茄定植前对棚室内部、架材等喷施啶酰菌胺、氟啶胺等药液，也可用烟剂熏烟，进行表面灭菌。夏季棚室休闲期间，彻底清除病株残体，土壤深翻20厘米以上，将土表遗留的病残体翻入底层，浇足透水和覆盖地膜后密闭棚室15 ～ 20天，利用太阳能使土壤温度提高到50 ～ 60℃，杀灭土壤和棚室内的病菌。⑤加强田间管理。选用新型的日光温室，覆盖无滴、消雾、保温、防老化多功能棚膜。提倡深沟高畦，雨季前抓好保护地四周沟系清理，雨后及时清沟排渍，防止雨后积水；及时打除老叶，整枝打杈，摘除病果，保持田间通风透光。严格控制浇水，尤其在花期应节制用水量和次数，降低湿度，棚室内要经常换气通风降湿。浇水施肥宜在晴天上午进行，并打开棚室降低其内湿度。不仅要在棚室两头通风，还要尽量在棚室两边增加透风口，尽量快速降低棚内湿度。浇水后不得立即关闭棚室保温，需开棚通风3小时以上，排除棚室内多余的湿气。推广应用滴灌加覆盖地膜。降低田间湿度，减少棚膜滴水、叶片表面结露和叶缘吐水时间；改进传统的蘸花授粉方法，采用震动授粉或利用熊蜂授粉新技术，阻断病苗侵染果实的途径。⑥药剂防治。以早期预防为主，在发病前或发病初期及时用药防治，掌握好用药的3个关键时期，即苗期、初花期、果实膨大期。发病前如遇低温阴雨天气，应及时用药预防，药剂可选用70%丙森锌可湿性粉剂500 ~ 700倍液，或50%异菌脲可湿性粉剂1 000 ~ 1 500倍液，或80%代森锰锌可湿性粉剂500 ~ 600倍液，或40%双胍三辛烷基苯磺酸盐可湿性粉剂1 000 ~ 1 200倍液。发病初期，在摘除病叶、病花和病果后，选用具治疗作用的内吸性杀菌剂进行防治，药剂可选用10%多抗霉素可湿性粉剂500 ~ 600倍液，或3亿CFU*/克哈茨木霉菌可湿性粉剂700 ~ 1 000倍液，或50%啶酰菌胺水分散粒剂1 000 ~ 1 500倍液，或25%啶菌噁唑乳油800 ~ 1 000倍液，或50%咯菌腈可湿性粉剂4 000 ~ 5 000倍液，或50%氟吡菌酰胺·嘧霉胺悬浮剂800 ~ 1 000倍液，或30%啶酰·咯菌腈悬浮剂1 000倍液，或27%啶酰·嘧菌酯悬浮剂1 000倍液，或30%唑醚·啶酰菌悬浮剂1 000 ~ 1 500倍液，或43%氟菌·肟菌酯悬浮剂1 000 ~ 1 500倍液，或40%嘧霉胺悬浮剂800 ~ 1 200倍液。每隔7 ~ 10天1次，连续2 ~ 3次，重病田视病情发展适当增加喷药次数。也可结合防落花、落果，蘸花作业时，在配好的防落素中加入0.1%的50%异菌脲或50%腐霉利可湿性粉剂，然后再涂花或蘸花，对防止因花瓣发病延及果实发病有良好的效果。

大棚防治时如遇阴雨天气或低温而不便喷药时，宜选用烟剂。发病初期棚室每亩可用15%百菌清烟剂200 ~ 300克，或15%异菌·百菌清烟剂250 ~ 300克，或10%腐霉利烟剂200 ~ 250克，晚上密闭棚室点燃熏烟。也可在早晚每亩次用5%百菌清粉尘剂1千克用喷粉器喷粉，隔10天1次，提倡与喷雾方法交替使用2 ~ 3次。

番茄叶霉病

番茄叶霉病俗称黑毛病、黑霉病，只危害番茄，是蔬菜保护地栽培常见的重要病害，苗期至成株期均可发病。

症状：主要危害叶片，发病初始在叶片正面出现褪绿斑，呈椭圆形或不规则形，边缘界限不清晰，湿度大时在叶背病部生灰白色、后变为灰褐色至黑褐色的绒状霉层。一般病株下部成熟叶片先发病，并逐渐向上部叶片蔓延。随着病情发展，病斑密集，相互连接成大块斑，叶片发黄，向内卷曲，最后干枯，提早脱落。果实染病，在果蒂附近形成圆形黑色病斑，病斑后期硬化，稍凹陷，后转变为灰白色。叶柄和嫩茎也可染病，病斑与叶片相似。

* CFU表示菌落形成单位。全书同。

番茄叶霉病病叶正面前期症状

番茄叶霉病病叶背面前期症状

番茄叶霉病黄色病斑

番茄叶霉病严重危害状

番茄叶霉病褪绿病斑

番茄叶霉病叶片背面霉层

番茄叶霉病大田危害状

番茄叶霉病病斑密集，相互连接成大块斑

发生规律：此病由真菌褐孢霉侵染所致，主要以菌丝体或菌丝块在病株残体内越冬，也可以分生孢子附着在种子或以菌丝体在种皮内越冬。病菌喜高温、高湿环境，发病最适气候条件为温度20 ～ 25℃，空气相对湿度95%以上。一般春季发病重于秋季。早春低温、连续阴雨或梅雨期间多雨的年份发病重；秋季晚秋温度偏高、多雨的年份发病重。连作地、地势低洼、排水不良的田块发病较早而重。栽培上密度过高、寒流受冻、通风透光差、大肥大水、氮肥施用过多的田块发病重。最适感病生育期为封行、坐果期。长江中下游地区主要发病盛期为3—7月和9—11月。

防治方法：①选用抗病品种，严把育苗关；应从无病田或健康植株上留种。②发病严重田块与瓜类、豆类等作物实行3年以上的轮作。③播前要做好种子处理，可用55℃温汤浸种30分钟后，用高锰酸钾浸种30分钟，取出种子后用清水漂洗几次，最后晒干催芽播种。④番茄定植前可用硫黄熏蒸大棚，每100米^{2}用硫黄300克与锯末拌匀点燃，翌日开窗通风。⑤加强管理。采用双垄覆膜、膜下灌水及滴灌，切忌大水漫灌。雨季前开好排水沟系，防止雨后积水。及时整枝打杈，植株下部的叶片尽可能摘除，增加通风透光。加强通风换气，尽可能降低温室内湿度和叶面结露时间。⑥秧苗移栽前一定要做到带药移栽，淘汰病、弱苗。及时整枝打杈，摘除病叶、老叶。⑦在发病初期开始喷药，每隔7 ～ 10天喷药1次，连续喷2 ～ 3次，重病田视病情发展，必要时还要增加喷药次数。药剂可选用2%武夷菌素水剂100 ～ 150倍液，或2%春雷霉素水剂300 ～ 500倍液，或10%多抗霉素可湿性粉剂400 ～ 500倍液，或12%苯甲·氟酰胺悬浮剂1 000

倍液，或43%氟菌·肟菌酯悬浮剂1 500 ～ 2 500倍液，或25%嘧菌酯悬浮剂1 000倍液等。棚室每亩还可用15%腐霉·百菌清烟剂或15%腐霉利烟剂250克，或15%抑霉唑烟剂275克，点燃熏一夜，隔8 ～ 10天1次，使用3 ～ 4次。

番茄病毒病

番茄病毒病是番茄生产上的毁灭性病害，秋番茄发生最为严重。

症状：在田间表现6种症状，即花叶、蕨叶、条斑、丛生、卷叶和黄顶。常见的有花叶型、蕨叶型和条斑型3种。

花叶型：主要发生在植株上部叶片，表现为在叶片上出现黄绿相间或叶色深浅相间的斑驳，叶色褪绿，叶面稍皱，植株矮化。新生叶片偏小，皱缩，扭曲畸形，明脉，叶色偏淡。

番茄病毒病斑驳叶片

番茄病毒病叶片脉间褪绿

蕨叶型：主要发生在植株中下部叶片，植株一般明显矮化，幼叶细长、狭小，上部叶片叶肉组织退化，叶片部分或全部仅存主脉，使叶片细长呈线状，节间缩短。中下部叶片向上微卷，花瓣加长增厚。

番茄病毒病蕨叶

条斑型：可发生在茎、叶和果实上。茎染病，初始产生暗绿色下陷的短条斑，扩大后呈褐色、长短不一的条斑，并逐渐蔓延，变深褐色下陷的油渍状坏死条斑，严重时引起部分枝条或全株枯死。叶染病，形成褐色云纹状或线条状斑。果实染病，产生淡褐色稍凹陷病斑，果面着色不均匀，畸形，病果易脱落。

发生规律：番茄病毒病主要是烟草花叶病毒（TMV）和黄瓜花叶病毒（CMV）侵染所致。烟草花叶病毒可在多种植物上越冬，也可附着在番茄种子上、土壤中的病残体上越冬。主要通过汁液接触传播，从伤口侵入。黄瓜花叶病毒主要由蚜虫传播，此外用汁液摩擦接种也可传播。冬季病毒多在宿根杂草上越冬，春季蚜虫迁飞传毒，引致发病。一般高温干旱天气有利于病害发生与流行。施用过量的氮肥，植株组织生长柔嫩或土壤瘠薄、板结、黏重以及排水不良发病重。早春温度偏高、少雨、蚜虫发生量大的年份发病重；秋季夜温和地温偏高、少雨、蚜虫多发的年份发病重。连作地、周边毒源寄主多的田块发病较早较重。长江中下游地区番茄病毒病的主要发病盛期在4月下旬至7月和9—11月，最适感病生育期为5叶至坐果中后期。

防治方法：①注意选择地块，避免重茬，甜瓜、西瓜、西葫芦、番茄、茄子不宜混种，以免相互传毒。②选用抗病品种和无病种子。③在播前要做好种子处理，先用清水浸种3 ～ 4小时，后在10%磷酸三钠溶液中浸30分钟，再用清水冲洗尽药液后晾干催芽播种。④培育壮苗，适期定植。定植田要进行两年以上轮作，有条件的结合深翻施用石灰。最好采用塑料育苗钵，调配营养土进行育苗。利用白色网纱与塑料膜结合，既可提高和保持地温，又可驱避蚜虫，减少初侵染来源。⑤及时清理田边杂草，减少传毒来源。整枝、打杈、绑蔓、摘瓜可分批作业，先健株后病株，接触过病株的手要用肥皂水洗净，以防病毒传播。⑥施足底肥，增施磷、钾肥。结果期叶面喷施0.2% ～ 0.3%的磷酸二氢钾。⑦银灰膜避蚜防病。⑧防治传毒昆虫。在蚜虫、烟粉虱发生初期，及时用药防治。详见蚜虫、烟粉虱防治。⑨在发病初期喷洒抗病毒剂。药剂可选用20%盐酸吗啉胍可湿性粉剂300倍液，或20%吗胍·乙酸铜可湿性粉剂300 ～ 400倍液，或2%氨基寡糖素水剂300倍液，或0.5%菇类蛋白多糖水剂250倍液，或6%低聚糖素水剂800 ～ 1 000倍液，或8%宁南霉素水剂500 ～ 600倍液，或1.2%辛菌胺醋酸盐水剂150 ～ 250倍液，喷药预防，每隔7 ～ 10天喷1次，连续喷药2 ～ 3次。

番茄青枯病

番茄青枯病又称细菌性枯萎病，是番茄上常见的维管束系统性病害之一，保护地、露地均可发生,也是茄果类蔬菜毁灭性病害。南方及多雨年份发生普遍且严重。发病严重时造成植株青枯死亡，导致严重减产甚至绝收。主要危害番茄、茄子、辣椒等茄科蔬菜和马铃薯、大豆、萝卜、花生、芝麻等作物。以番茄受害最重，茄子次之。

症状：在植株开花结果初期开始表现症状,病株顶部、中下部叶片相继萎蔫下垂，发病初始顶部新叶萎蔫下垂，后下部叶片产生凋萎；一般白天出现萎蔫，中午尤为明显，傍晚和清晨又恢复正常；病叶变浅绿色，呈青枯状。数天后很快扩展至整株萎蔫，并不再恢复而死亡。因本病发病初期，地上部分虽表现为萎垂但叶片仍保持绿色，故名“青枯”。茎产生初为水渍

番茄青枯病病株呈青枯状

番茄青枯病引起根部褐变

番茄青枯病植株失水萎蔫

番茄青枯病植株枯死

状斑点，扩大后呈褐色的斑块，病茎中下部表皮粗糙，常产生不定根或不定芽。剖开病茎，维管束变褐，横切后用手挤压可见乳白色黏液渗出，这是青枯病的典型症状，可与真菌性枯萎病相区别。

发生规律：由细菌茄劳尔氏菌侵染引起，病原细菌主要随植株病残体在土壤中或马铃薯块上越冬。无寄主时，病菌可在土中营腐生生活长达14个月，成为该病的主要初侵染源。主要通过雨水、灌溉水及农具传播。病菌从根部或茎基部伤口侵入，在植株体内的维管束组织中繁殖，向上部蔓延扩展，造成导管堵塞及细胞中毒。病菌喜高温、高湿、偏酸性环境，发病最适气候条件为温度30 ～ 37℃，最适pH为6.6。梅雨季节多雨、夏秋高温多雨的年份发病重。大雨或连阴雨后骤然放晴，气温迅速升高，田间湿度大，热气蒸腾作用增大，更易促成病害流行。连作、排水不畅、通风不良、土壤偏酸、钙磷缺乏、管理粗放的田块发病较重。长江中下游地区主要发病盛期为6—10月。华南地区发病盛期为5月下旬至7月上旬和10月上旬至12月上旬。番茄的感病生育期是番茄结果中后期。

防治方法：①发病严重地块，提倡与非茄科作物轮作4 ～ 5年，有条件的地区与禾本科作物特别是水稻轮作效果最好。②嫁接防病。③选用抗（耐）病品种。④夏季棚室利用太阳能进行土壤消毒。⑤培育壮苗，选择干燥无病菌的田块作为苗床，适期播种。⑥加强田间管理。高畦栽培，沟渠配套，避免大水漫灌，底施充分腐熟的有机肥，改善土壤中微生物群落。及时摘去病老叶并拔除病株。收获后清除病残体，带出田外深埋或销毁；深翻土壤，加速病残体的腐烂分解。⑦在发病前或发病初期用药防治，采取挑治封锁发病中心与普治相结合，单施与混施相结合等办法，及时控病，力求治早、治少、治了。隔7 ～ 10天喷药1次，连续2 ～ 3次。重病田视病情发展，必要时还要增加喷药次数。药剂可选20%噻森铜悬浮剂400 ～ 500倍液，或20%噻菌铜悬浮剂500倍液，或47%春雷·氧氯铜可湿性粉剂600 ～ 800倍液等，也可用5亿CFU/克多黏类芽孢杆菌悬浮剂每亩2 ～ 3升，或5亿CFU/克荧光假单胞菌颗粒剂稀释300 ~ 600倍液灌根。

番茄枯萎病

番茄枯萎病又称萎蔫病，是番茄的主要连作障碍病害之一。多数在番茄开花结果期发病。

症状：番茄枯萎病是一种维管束病害，发病严重时全株枯萎死亡，主要危害根和茎部，主要表现期为成株期。成株发病，初期植株叶片中午呈萎蔫下垂，叶片由下向上变黄，然后变褐萎垂，早晚又恢复正常，叶色变淡，似缺水状，病情由下向上发展，反复数天后，逐渐遍及整株叶片萎蔫下垂，叶片不再复原，最后全株枯死，枯叶不脱落，横剖病茎，病部维管束变褐色，发病株一般在茎基部出现较多的不定气生根。田间湿度大时，在死株的茎基部常布粉红色霉状物，即病菌的分生孢子梗和分生孢子。

番茄枯萎病病叶变褐萎垂

番茄枯萎病植株枯死

番茄枯萎病植株失水枯萎

番茄枯萎病茎部症状

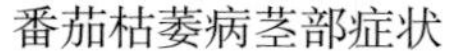
番茄枯萎病茎部症状

番茄枯萎病植株维管束变褐

发生规律、防治方法：参考黄瓜枯萎病。

番茄早疫病

番茄早疫病又称番茄轮纹病，除危害番茄外，还能危害茄子、辣椒、马铃薯。

症状：苗期和成株期发病，植株各部位均可受害。主要危害叶片、茎和果实，以叶片和茎叶分枝处最易发病。幼苗发病，近地面的茎基部变黑褐色，俗称黑脚苗，严重时病斑绕茎1周引起腐烂、死亡。叶片染病，产生暗褐色或黑色小斑点，后逐渐扩大为直径约10毫米的圆形或椭圆形病斑，中部有同心轮纹，周围有黄色晕圈，潮湿时病斑上长黑色霉。发病多从植株下部叶片开始，逐渐向上蔓延。严重时几个病斑可以连成一片而成为不规则大斑，造成植株下部叶片变黄干枯、脱落。叶柄生暗褐色椭圆形病斑，

番茄早疫病叶片同心轮纹状圆斑

番茄早疫病病叶及病枝

有轮纹。茎部染病多数在分枝处发生，病斑呈梭形、椭圆形或不规则形，灰褐色或黑色，稍凹陷，也有同心轮纹，茎秆、枝条易从病斑处折断。果实上病斑一般发生在蒂部附近和有裂缝的地方，近圆形，黑褐色，也有同心轮纹，其上长有黑色霉层，病部较硬，后期有时从病斑处开裂，严重时病果常早落。潮湿条件下，各病部均可长出黑色霉状物。其最主要的特征是不论发生在果实、叶片或主茎上的病斑，都有明显的轮纹，所以又被称为轮纹病。

发生规律：番茄早疫病的病原是茄链格孢，属子囊菌无性型链格孢属真菌。病原以菌丝体或分生孢子在病残体或种子表面越冬，附着在种子上的病菌可存活2年。在气温20 ～ 25℃，空气相对湿度80%以上或阴雨天气，病害易流行。多雨、多雾条件下，分生孢子的形成快而多，病害就很易流行。重茬地、低洼地、瘠薄地、浇水过多或通风不良、管理粗放地块发病较重。一般早熟品种、窄叶品种发病偏轻，高棵、大秧、大叶品种发病偏重。在浙江地区一般是5月中下旬至7月上旬为盛发期，在山东地区一般是6月上中旬为盛发期，东北和西北7月中旬至8月雨天多、雨量大，病害易流行成灾。

防治方法：①与非茄科作物实行3年轮作，避免与马铃薯、辣椒连作。② 种植抗（耐）病品种。③种子消毒和培育无病壮苗。④清洁田园。发病初期及时摘除病叶、老叶和病果，集中深埋或销毁。收获后彻底清除落叶、残枝和病果。⑤加强田间管理，使植株生长强健，在整枝时应避免与有病植株相互接触，注意雨后及时排水。要求施足基肥，生长期间应增施磷、钾肥，以促进植株生长健壮，提高对病害的抗性。⑥药剂防治。应注重降雨前和发病前的喷药预防，在田间初见病叶后应及时用药，每隔5 ～ 7天喷1次，连喷2 ～ 3次。预防可用80%代森锰锌可湿性粉剂600 ～ 800倍液，或70%丙森锌可湿性粉剂500 ～ 700倍液。发病初期可选用10%苯醚甲环唑水分散粒剂1 500倍液，或25%嘧菌酯悬浮剂1 500倍液，或60%唑醚代森联水分散粒剂1 000 ～ 1 500倍液，或12%苯甲·氟酰胺悬浮剂1 000 ～ 1 500倍液，或58%甲霜·锰锌可湿性粉剂500 ～ 600倍液。

番茄晚疫病

番茄晚疫病又称疫病，是番茄的主要病害，流行性强，危害性大，尤其在潮湿多雨的南方地区和保护地发生严重，还可危害马铃薯。

症状：幼苗、茎、叶片和果实均可受害，主要危害叶片、果实和茎部，叶片和青果受害重。叶片上多从植株下部的叶尖或边缘开始出现淡绿色小斑点，渐变不规则形，暗绿色水渍状病斑，后变褐色，病、健交界处不明显，病斑可扩大至大半或整个叶片。严重时，叶片呈沸水烫状。干燥时病斑停止发展，呈茶褐色，易破裂。青果受害，多从近果处的果肩开始，病斑形成不规则云纹，暗绿色油渍状，渐变暗褐色至棕褐色，病斑稍凹陷，边缘明显，病果质地硬实，病斑表面粗糙，湿度大时果实迅速腐烂，并有白色至灰白色稀疏的霉状物，尤以病果和主茎患部最明显。主茎染病，多发生于茎基部，初现黑褐色条斑，继而绕茎扩展，茎部变黑，终至全株枯死。枝条染病，多始于分杈处，患部为黑褐色，其上枝条枯死。

番茄晚疫病病叶腐烂干燥时破裂

番茄晚疫病病叶上的褐色病斑

番茄晚疫病病叶呈沸水烫状

番茄晚疫病病叶上的水渍状病斑

番茄晚疫病病茎上的褐色条斑

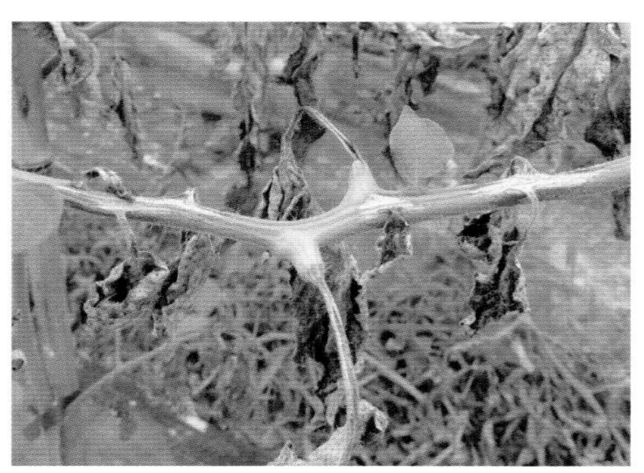

番茄晚疫病严重危害枝干

番茄晚疫病病茎变黑

番茄晚疫病腐烂果

番茄晚疫病湿腐病果（张发成提供）

发生规律：病原菌为致病疫霉，属卵菌疫霉属，主要以菌丝体随病残体在土壤中越冬。通常在番茄现蕾期即可发生。病菌喜低温高湿的环境，白天温暖（18 ～ 22℃）、早晚冷凉（10 ～ 13℃），空气相对湿度80%以上，体表结露持续时间长，有利于病害的发生流行。在阴雨绵绵天气下，通常在中心病株出现后15天，就会普遍发病。保护地春茬和秋冬茬发病较重。植株繁茂、地势低洼、排水不良、田间湿度过大时，病害易发生；土壤瘠薄、植株衰弱，或偏施氮肥造成植株徒长，以及番茄处于生长的中后期，病害均易发生。南方地区发病盛期为3—5月、10—12月。

防治方法：①应与十字花科蔬菜实行3年以上轮作，避免和马铃薯相邻种植。②培育无病壮苗。③清洁田园。及时摘除病叶、病果，收获后清除病残体。④加强田间管理。采用高畦覆盖地膜栽培，合理密植，及时整枝、摘心、打杈，适当摘除下部老叶，改善通风透光条件，降低田间湿度。施足基肥，避免偏施氮肥，增施磷、钾肥。采取滴灌和膜下暗灌技术，切忌大水漫灌。保护地在早春、晚秋要注意防寒，适当提高棚室内温度，天气转暖后注意通风，降低湿度。⑤调控棚室温度与湿度。当晴天上午温度升至28 ～ 30℃时，进行通风换气降低湿度；温度保持在22 ～ 25℃时，要及时关闭通风口；保持夜间温度不低于15℃，减少植株体表结露时间和结露量；浇水后及时通风排出湿气。⑥药剂防治。在条件适宜发病或降雨前应喷药预防，药剂可选70%丙森锌可湿性粉剂500 ～ 700倍液，或80%代森锰锌可湿性粉剂600倍液，或25%嘧菌酯悬浮剂1 500倍液，或68.75%唑菌酮·锰锌可分散粒剂800 ～ 1 000倍液。发病初期和发现发病中心病株后，及时摘除病叶、病果及发病严重病枝，喷药封锁发病中心。药剂可选72.2%霜霉威水剂600 ～ 700倍液，或72%霜脲·锰锌可湿性粉剂600 ～ 800倍液，或60%唑醚·代森联水分散粒剂1 000 ～ 1 500倍液，或25%吡唑醚菌酯乳油1 000 ～ 1 500倍液，或50%氟啶胺悬浮剂2 000倍液，或25%嘧菌酯悬浮剂1 500倍液，或30%氟吡菌胺·氰霜唑悬浮剂1 500倍液，或10%氟噻唑吡乙酮可分散油悬浮剂3 000倍液，或68.75%氟菌·霜霉威悬浮剂600 ～ 800倍液，或70%霜脲·嘧菌酯水分散粒剂2 000 ～ 2 500倍液。重点喷施发病中心及其周围植株、植株中下部的叶片和果实。隔7 ～ 10天1次，连续防治3 ～ 4次。保护地可用烟剂，每亩施用45%百菌清烟剂200 ～ 250克；或者采用粉尘剂，每亩施用5%百菌清粉尘剂1千克。烟剂和粉尘剂一般于傍晚使用效果较好，隔9天1次。

番茄菌核病

番茄菌核病是大棚番茄生产中一种重要病害，病菌寄主范围广，能侵染64科383种植物，对番茄、茄子、黄瓜、甘蓝、莴苣和芹菜危害较重。

症状：幼苗、成株期均可发病，但以成株期茎基部受害重，植株叶片、花器、果实和茎秆等可受害。在保护地番茄上主要危害果实，叶片和茎也受害。

果实受害多从果柄开始向果实蔓延。病部灰白色至淡黄色，斑面长出白色菌丝及黑色菌核，病果软腐。茎部染病，呈灰白色，稍凹陷，后期表皮纵裂，边缘水渍状，表面和病茎内均生有白色菌丝及黑色菌核。叶片多从叶缘开始，初呈水渍状，暗绿色，迅速扩展为大型灰褐色湿腐病斑，可致叶片腐烂或枯死，潮湿时长出白霉。

番茄菌核病病枝上的菌核

番茄菌核病病枝枯死

番茄菌核病病果上的菌核

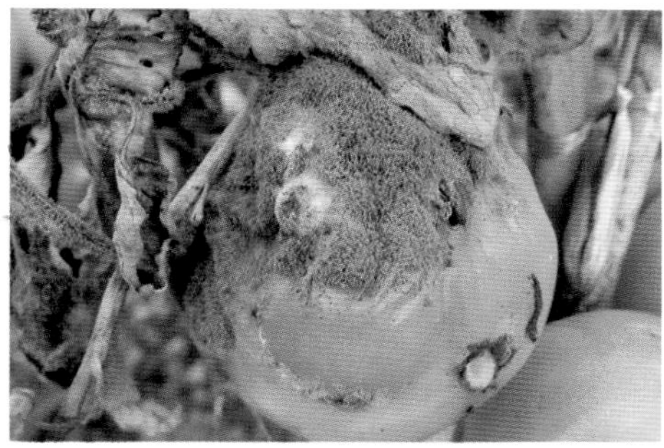

番茄菌核病腐烂果

番茄菌核病萼上的菌核

发病规律：菌核病由子囊菌亚门核盘菌属真菌侵染所致。病菌主要以菌核遗留在病残体、土壤或混杂在种子中越冬越夏。菌核在干燥的土壤中可存活3年以上，而在潮湿的土壤中只能存活1年，浸入水中约存活1个月。菌丝生长和菌核形成最适温度20℃，菌核萌发适宜温度15 ～ 20℃。温度较低，湿度高或多雨的早春或晚秋，适宜菌核病的发生流行。若遇到低温、阴雨或寒潮天气，病情迅速发展。如此时连续阴雨，棚内湿度大，病害将大发生。早春低温、连续阴雨或多雨，以及梅雨期间多雨的年份发病重；晚秋低温、寒流早、多雨、多雾的年份发病重。连年种植瓜果、豆类和十字花科蔬菜，发病逐年加重。地势低洼、土壤黏重潮湿，肥料充足尤其是偏施氮肥，有利于病害的发生。长江中下游地区主要发病盛期是2—6月和10—12月，春季发病重于秋季。最适感病生育期为生长中后期。大棚蔬菜该病的发生期为11月到翌年5月，番茄育苗、春栽大棚莴苣及芹菜3月为发病高峰。

防治方法：①实行轮作，与禾本科作物及葱蒜类蔬菜实行2年以上轮作或水旱轮作。②培育无病苗。③夏季棚室休闲期间，利用灌水、覆盖地面和太阳能消毒土壤。④加强田间管理。及时清除田间杂草，有条件的覆盖地膜，抑制菌核萌发及孢子传播。露地栽培的蔬菜管理上狠抓清沟理墒，排水降渍。大棚蔬菜以通风降湿为主，减少结露，空气相对湿度应低于65%；土壤干旱需浇水时应小水勤灌，防止浇水过量，切忌大水漫灌。浇后加大通风量，坚持植株不干不闭棚。施肥应以腐熟的有机肥作基肥为主，增施磷、钾肥，避免偏施氮肥。特别在春季寒流侵袭前，棚室内及时加盖小拱棚，并在棚室四周盖草帘，防止植株受冻。生长期及时摘除病叶、病枝及病果，适时打老叶；收获后清除病株残体，携出田外处理。⑤苗床土壤消毒。每平方米用50%多菌灵粉剂8 ～ 10克，与干细土10 ～ 15千克拌匀后均匀撒在育苗床床面上进行土壤消毒。⑥药剂防治。先清除病残体后施药，注意喷洒植株基部和地面。发病初期及时进行防治。药剂可选50%

腐霉利可湿性粉剂1 500 ～ 2 000倍液，或50%异菌脲可湿性粉剂1 500倍液，或25%醚菌酯悬浮剂1 000倍液，或40%嘧霉胺悬浮剂1 200 ～ 1 500倍液，或10%苯醚甲环唑水分散粒剂1 000 ～ 1 500倍液，或50%啶酰菌胺水分散粒剂2 000 ～ 2 500倍液，或40%异菌·氟啶胺悬浮剂1 000 ～ 1 500倍液喷雾，着重喷洒植株基部与地表，注意轮换使用，隔7 ～ 10天1次，连续防治3 ～ 4次。如遇连续阴雨，大棚内还可在发病初期用10%腐霉利烟剂每亩200 ～ 250克，或45%百菌清烟剂250克熏烟。

番茄细菌性斑点病

番茄细菌性斑点病又称番茄细菌性叶斑病、斑疹病，是一种细菌性病害，主要危害番茄，还可侵染辣椒。

症状：苗期和成株期均可染病，主要危害叶、茎、花、叶柄和果实。叶片染病，由下部老熟叶片先发病，再向植株上部叶片蔓延。叶背初生水

番茄细菌性斑点病病叶水渍状病斑

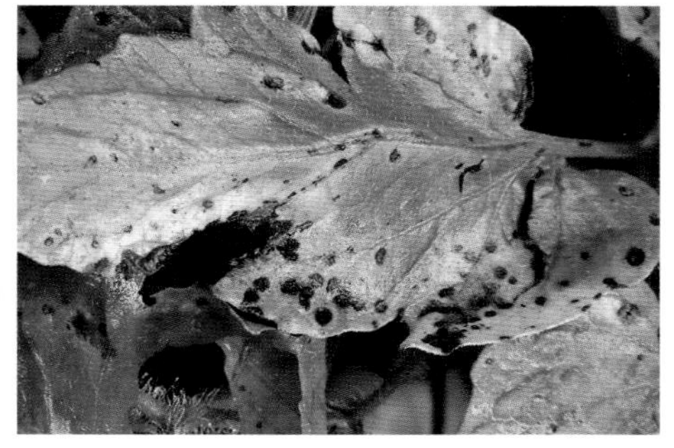

番茄细菌性斑点病严重危害叶片

番茄细菌性斑点病病斑相连，叶片发黄

番茄细菌性斑点病严重发病状

渍状小点，扩大后呈深褐色至黑褐色、圆形或近圆形病斑，周围具黄色晕圈。叶柄和茎染病与叶片症状相似，病斑易连成斑块，但病斑周围无黄色晕圈，严重时一段茎秆变黑。花蕾受害，在萼片上形成许多黑点，连片时使萼片干枯，不能正常开花。幼嫩果实初期的小斑点稍隆起，果实近成熟时病斑周围往往仍保持较长时间的绿色。病斑附近果肉略凹陷，病斑周围黑色，中间色浅并有轻微凹陷。

发生规律：病菌可在番茄植株、种子上或随病残体遗落在土中存活越冬。病菌在干燥的种子上可存活20年。播种带菌的种子，幼苗即可发病，病苗移至大田后随雨水溅射、露水或农事操作传播。病菌最适发病环境为温度20 ~ 25℃，空气相对湿度80%以上。最适感病生育期为育苗末期至定植坐果前后。上海地区主要发病盛期在春季3—5月，浙江在4—6月。早春温度偏高、多雨，保护地地势低洼、管理粗放、排水不良、雨后积水，肥料不足或偏施氮肥，会加重病害发生。

防治方法：①与非茄科蔬菜实行3年以上轮作。②选用抗病品种，建立无病种子田，采用无病种苗。③种子处理。温汤浸种或次氯酸浸种。④加强田间管理。保护地覆盖地膜，采用膜下暗灌，合理密植，适时开棚通风换气降低棚内湿度，增施磷、钾肥，提高植株抗病性。灌溉、整枝、打杈、采收等农事操作中要注意避免病害的传播。发病初期及时整枝打杈，摘除病叶、老叶，收获后清洁田园，清除病残体，并带出田外深埋或销毁。⑤药剂防治。在发病初期开始喷药，药剂可选3%春雷·多黏菌悬浮剂1 000倍液，或78%波尔·锰锌可湿性粉剂600倍液，或20%噻菌铜悬浮剂500倍液，或47%春雷·王铜可湿性粉剂600 ~ 800倍液，或46%氢氧化铜水分散粒剂1 200 ~ 2 000倍液进行防治，隔10天左右喷1次，连喷3 ~ 4次。

茄子绵疫病

茄子绵疫病俗称烂茄子、“水烂”，是露地和保护地栽培茄子的主要病害。特别是在高温多雨季节，茄果受害更为严重，发病后蔓延很快，常造成大量果实腐烂，对产量影响很大。除危害茄子外，也能危害番茄、辣椒、黄瓜、马铃薯等作物。

症状：主要危害果实，也能危害叶片、茎、花，苗期至成株期均可发病。果实染病，近地面果实先发病，受害果实初期出现水渍状圆形或近圆形病斑，果实失去光泽，病部黄褐色至暗褐色，稍凹陷变软，有皱纹，逐渐扩大危害整个果实，内部果肉变黑褐色腐烂，极易掉落。高温高湿条件下，病部边缘不明显，表面产生稀疏或茂密的白色菌丝，即病菌的菌丝及孢子囊。若遇干旱，病果则失水干缩形成白色、棕褐色或黑褐色僵果挂在枝上。叶片染病，产生不规则近圆形水渍状褐色病斑，有明显轮纹。潮湿时病部可产生稀疏的白霉，干燥时病斑边缘明显，易干枯破裂。花器染病，病斑为水渍状褐色湿腐，很快发展到嫩茎上，使其腐烂、缢缩，造成病部以上的枝叶萎蔫下垂，湿度大时也可在病部产生白霉。苗期染病，在嫩茎上初为水渍状小点，后幼茎变软缢缩，致使秧苗猝倒。潮湿时，病部也产生白霉。

茄子绵疫病腐烂果上出现白霉

茄子绵疫病病果果面变褐变软

茄子绵疫病病果软腐

茄子绵疫病致整果腐烂

茄子绵疫病病果布满白霉

茄子绵疫病腐烂果

发生规律：病菌以卵孢子随病残体在土壤中越冬。病菌发育最适温度28 ～ 30℃，空气相对湿度85%。高温高湿、雨后暴晴、植株密度过大、通风透光差、地势低洼、土壤黏重时易发病。最适感病生育期在坐果期至采收期。长江中下游地区茄子绵疫病的主要发病盛期在5—6月和8—9月，北方则发生在7—8月雨季。初夏多雨或梅雨期间多雨的年份发病重，秋季多雨、多雾的年份发病重。

防治方法：①重病田应与非茄科蔬菜实行3年以上轮作。②加强栽培管理。培育无病壮苗，促进早长早发并及时整株。保护地栽培及时放风排湿，浇水时间安排在上午，并及时开棚降湿，适当密植，施足基肥，不偏施氮肥。在进入梅雨季节前及时整枝、疏叶、开天窗，促进通风降湿。发现病株及时剪去病枝、病果，带出棚室外集中销毁或深埋，收获后彻底清除病残体。③在发病初期用药防治，药剂参考番茄晚疫病。重点保护近地面部分，并抓好雨前喷药。每隔7 ～ 10天喷1次，连续防治2 ～ 3次。

茄子菌核病

茄子菌核病除危害茄子外，还可危害番茄、辣椒、黄瓜、豇豆、蚕豆、豌豆、马铃薯、胡萝卜、菠菜、芹菜、甘蓝等多种蔬菜。

症状：主要危害茎、叶、花和果实，苗期和成株期均可感病。茎染病，发病部位主要在茎基部和侧枝基部，发病初期产生水渍状斑，扩大后呈淡褐色、稍凹陷斑纹，田间高湿时病部长出白色棉絮状菌丝，后期茎秆内髓部受破坏，腐烂而中空，剥开可见黑色菌核，干燥后表皮易破裂。菌核鼠

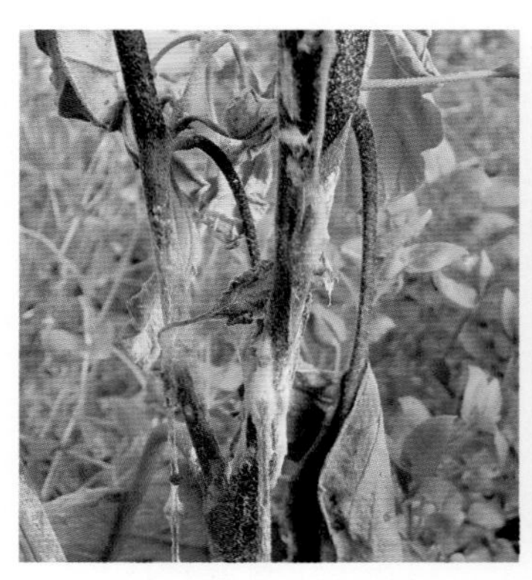

茄子菌核病病茎上的菌丝及菌核

茄子菌核病苗期发病状

茄子菌核病茎分杈处褐变病斑

粪状，圆形或不规则形，早期白色，以后外部变为黑色，内部白色。叶片染病，初呈水渍状斑，扩大后为褐色近圆形斑，病部软腐，并产生白色棉絮状菌丝，干燥后斑面穿孔。果柄染病，致使果实易脱落。果实染病，发病初期在幼果脐部或向阳部分产生水渍状腐烂，扩展后呈褐色、稍凹陷斑纹，果头表面病部长出白色棉絮状菌丝，并形成黑色粒状菌核。苗期染病，发病始于茎基部，初呈浅褐色水渍状斑，后绕茎一周，田间高湿时病部长有白色棉絮状菌丝，干燥后灰白色，菌丝集结成菌核，病部缢缩，易折断，最终枯死，苗呈立枯状。

茄子菌核病上部病叶枯死

茄子菌核病全株枯死

茄子菌核病枯死叶片上的菌核

茄子菌核病果柄上的絮状菌丝

发生规律：最适感病生育期为成株期至结果中后期。长江中下游地区茄子菌核病的主要发病盛期在2—6月和11—12月。其他参考番茄菌核病。

防治方法：参考番茄菌核病。

茄子灰霉病

茄子灰霉病除在茄子上发生外，还危害番茄、辣椒、黄瓜、生菜、芹菜、草莓等20多种作物。主要危害叶片、茎和果实，苗期至成株期均可染病。

症状：幼苗染病，子叶先枯死，然后发展到茎上，茎缢缩折断死亡，真叶上产生半圆形至圆形轮纹斑，呈褐色，后期田间湿度高时病部可密生灰霉。成株期染病，开始在叶缘产生水渍状病斑，后发展为近圆形的褐色轮纹斑，高湿时表面产生大量灰白色霉层，病重时叶片干枯。茎染病，发病初期产生水渍状小斑，扩展后呈长椭圆形、淡褐色病斑，表面生灰白色霉层。果实染病，主要危害幼果，发病初期在蒂部产生水渍状斑，扩大后病斑凹陷，褐色软腐，在病部表面密生灰色或灰白色霉层，呈不规则轮纹状排列，染病后一般不脱落。

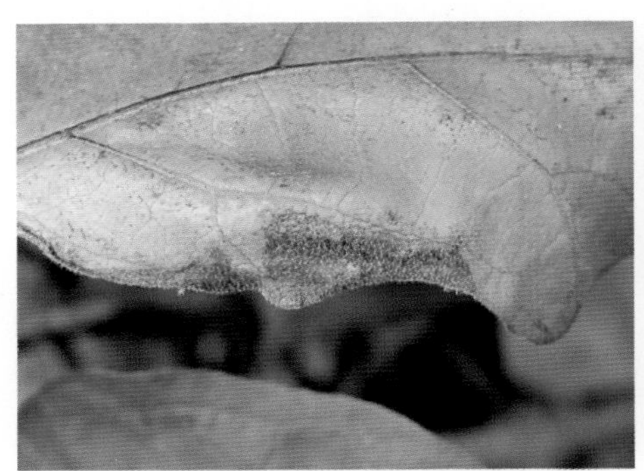

茄子灰霉病病叶叶缘的黑褐色病斑

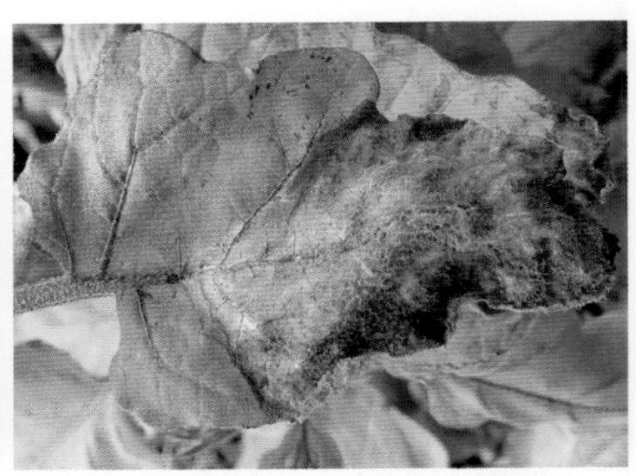

茄子菌核病病叶上的病斑及灰霉

茄子菌核病造成的枯叶

茄子菌核病病茎上的病斑

茄子菌核病引起全株枯死

茄子菌核病病果

发生规律：病菌以菌核、菌丝体或分生孢子梗在土壤中的病残体上越冬。最适感病生育期为始花至坐果期。长江流域茄子灰霉病的主要发病期在12月至翌年6月，2月中下旬至4月中旬是发病盛期，早春发病重。其他参考番茄灰霉病。

防治方法：参考番茄灰霉病。

茄子病毒病

症状：主要是花叶型。整株发病，病株顶部叶片明显变小、皱缩不展，呈淡绿色，叶片黄绿相间，产生斑驳花叶，心叶稍显黄色。老叶则呈暗绿色，叶面皱缩呈泡状突起，较正常叶细小，粗厚。病株结果多为畸形果。此外还有坏死斑点型，叶片局部产生紫褐色坏死斑，有时可呈轮点状坏死，叶片变形、皱缩，呈高低不平状。

发生规律：病原为烟草花叶病毒（TMV）、黄瓜花叶病毒（CMV）、蚕豆萎蔫病毒（BBWV）、马铃薯X病毒（PVX）等，单独或复合侵染。病毒主要依靠桃蚜、豆蚜等传毒，也可借植株汁液传毒。高温干旱的天气，蚜虫发生量大，管理粗放，田间杂草丛生时多发病。

茄子病毒病斑驳叶片

茄子病毒病严重时植株枯死

茄子病毒病花叶

防治方法：参考番茄病毒病。

茄子白粉病

茄子白粉病是茄子常见的病害之一，在露地、保护地栽培中茄子均可受害，保护地明显重于露地。

症状：主要危害叶片，多从植株下部老叶开始发病，严重时叶柄、嫩茎和果实也受害。先在叶片正面产生褪绿或淡黄色小斑点，后在叶面出现不定形白色小霉斑，边缘不明晰，霉斑近乎放射状扩展。随着病情的进一步发展，霉斑数量增多，斑面上粉状物日益明显，成为白色粉斑，粉斑相互连接成白粉状斑块，严重时叶片正反面均可被粉状物覆盖，外观好像被撒上一薄层面粉，最后致叶组织变黄干枯。

发生规律、防治方法：参考瓜类蔬菜病害中黄瓜白粉病。

茄子白粉病病叶上生白色粉斑

茄子白粉病病枝

茄子白粉病严重发病状

茄子褐纹病

茄子褐纹病又名褐腐病、干腐病，仅危害茄子，各生长期均可发病，是茄子发生普遍而且严重的侵染性病害，因其危害大，故又称茄子疫病。

症状：主要危害果实及茎、叶。幼苗受害，多在茎基部出现近棱形或椭圆形的水渍状斑，后变褐色或黑褐色凹陷斑，条件适宜时病斑扩展可环绕茎部一周，病部萎缩，导致幼苗猝倒，稍大的苗则呈立枯状，病部上密生小黑粒。成株受害，下部叶片先发病，叶片出现灰白色圆形斑点，后扩展为近圆形至不规则形灰褐色斑，斑面轮生许多小黑粒，具有不规则轮纹，后期病斑扩大连片，常造成干裂、穿孔、脱落。主茎或分枝受害，出现不规则形灰褐色至灰白色病斑，斑面密生小黑粒，受害严重的茎皮层脱落，造成枝或全株枯死。果实受害，果面出现椭圆形至不规则形大斑，斑中部下陷，边缘隆起，病部具明显云纹或轮纹，其上密生针头大小的黑粒，后期病果落地腐烂，或挂留枝上失水干腐成为僵果。

茄子褐纹病病叶上的轮纹病斑

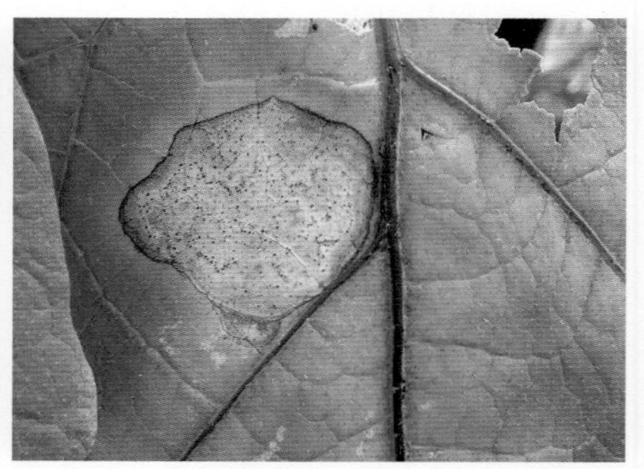

茄子褐纹病病叶病斑上轮生许多小黑粒

茄子褐纹病病果上的椭圆形病斑

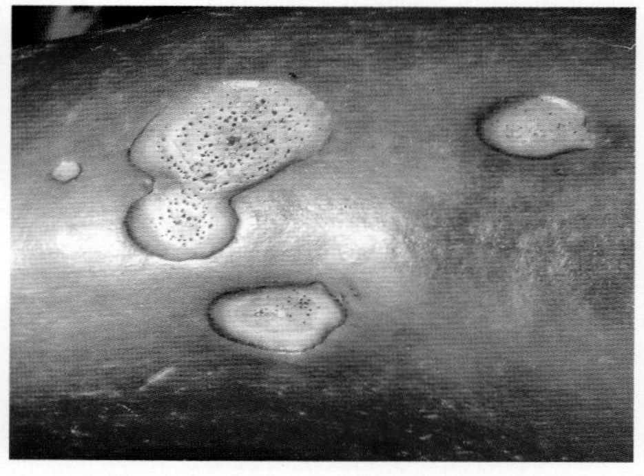

茄子褐纹病病果果面上的轮纹病斑及小黑粒

发生规律：病原主要以菌丝体或分生孢子器在土表的病残体上越冬，也可以菌丝体潜伏在种皮内部或以分生孢子黏附在种子表面越冬，一般可存活2年以上。种子带菌是幼苗发病的主要原因。病菌喜高温高湿条件，田间气温28 ～ 30℃，空气相对湿度高于80%，持续时间比较长，连续阴雨，均易发病。南方夏季高温多雨，极易引起病害流行。北方地区在夏秋季节，如遇多雨潮湿，也能引起病害流行。南方6—8月、北方7—9月为发病盛期。地势低洼、排水不良、土质黏重的田块，或种植密度大、株间郁蔽、通风透光不好，过施氮肥，植株生长过旺以及连作的田块，往往发病较重。阴雨天或清晨露水未干时整枝，或虫伤多，病菌从伤口侵入，易发病。一般长茄较圆茄抗病，白皮茄、绿皮茄较紫皮茄抗病。

防治方法：①提倡与非茄科作物实行2 ～ 3年轮作。②播种前种子必须消毒，可用咯菌腈包衣，或温水浸种；并做好床土消毒，可用噁霉灵或多菌灵进行营养土和苗床土消毒。③育苗移栽的营养土要选用无菌土，用前晒3周以上；大雨过后及时清理排水沟，排除积水。适当密植，及时整枝或去掉下部老叶，保持通风透光。避免在阴雨天气整枝。④发现病叶、病果、病株及时摘除，带出田外销毁，病穴施药或生石灰。⑤发病前或发病初期用药防治。药剂可选70%代森锰锌可湿性粉剂400 ～ 500倍液，或50%异菌脲可湿性粉剂1 000倍液，或25%嘧菌酯悬浮剂1 500倍液，或10%苯醚甲环唑水分散粒剂1 500倍液，或40%氟硅唑乳油8 000倍液，或32%苯甲·嘧菌酯悬浮剂1 500倍液等，隔7 ～ 10天喷1次，连续喷2 ～ 3次。

辣椒病毒病

辣椒病毒病俗称花叶病、毒素病，主要危害辣椒，是辣椒栽培中的重要病害。

症状：在田间主要有以下表现型。

花叶型：表现为在病叶上出现浓绿和淡绿相间的斑驳，叶面皱缩，有时会出现褐色坏死斑。

辣椒病毒病斑驳叶片

辣椒病毒病叶片变小、畸形

黄化型：表现为病株叶面明显变黄色，叶片枯死，造成脱落。

坏死型：表现为发病叶面出现坏死条斑，病茎部出现坏死条斑或环斑。严重时引起落果，甚至植株枯死。

畸形型：新生叶片表现为明脉，叶色深浅相间，后叶片细长呈线状，增厚。植株一般矮化，分枝增多，产生丛枝，严重时使植株变形。

发生规律：主要由烟草花叶病毒（TMV）和黄瓜花叶病毒（CMV）引起。黄瓜花叶病毒主要由蚜虫（榉赤蚜等）传播。烟草花叶病毒可在干燥的病株残体内长期生存，也可由种子带毒，经由汁液接触传播侵染。一般持续高温干旱天气，有利于病害发生与流行。多年连作、低洼地、缺肥或施用未腐熟的有机肥，均可加重烟草花叶病毒的危害。最适感病生育期为苗期至坐果中后期。长江中下游地区辣椒病毒病的主要发病盛期在5—9月。

防治方法：①选用抗病品种。②清洁田园，避免重茬，可与葱蒜类、豆科和十字花科蔬菜进行3～4年轮作。③利用银灰色膜避蚜、黄板诱蚜。④培育壮苗，覆盖地膜，适时定植，加强水肥管理，增强植株抗病能力。及时拔除病苗，摘除病果、老果以及病叶。⑤药剂防治参考番茄病毒病。

辣椒炭疽病

炭疽病是辣椒上的常发病害，主要危害将近成熟的辣椒果实。

症状：主要危害果实，也能危害叶片和果梗，近成熟果实易受害。果实染病，表面先产生水渍状黄褐色小斑点，扩大后呈长圆形或不规则形，边缘褐色，中央灰褐色，凹陷，病部密生橙红色或黑色小点，并排列成不规则形隆起的同心轮纹或云纹状。田间湿度高时，病部表面溢出红色黏稠物，干燥时病果内部组织干缩凹陷，呈黑色羊皮状，易破裂。叶片染病，

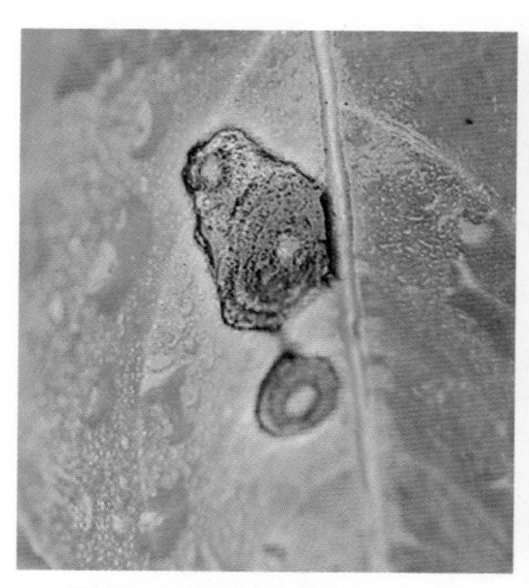

辣椒炭疽病病叶上的同心轮纹病斑

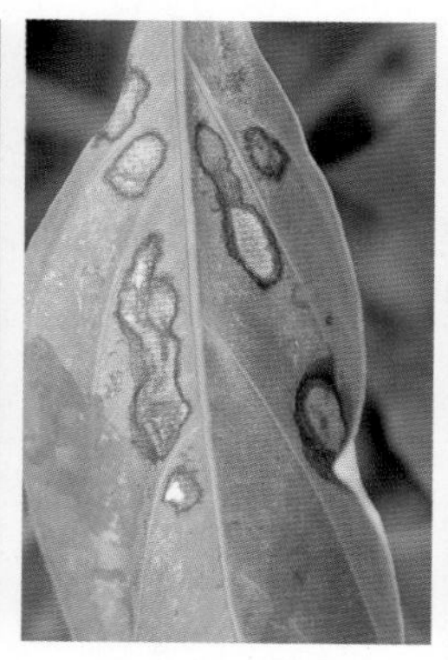

辣椒炭疽病病叶上病斑相连

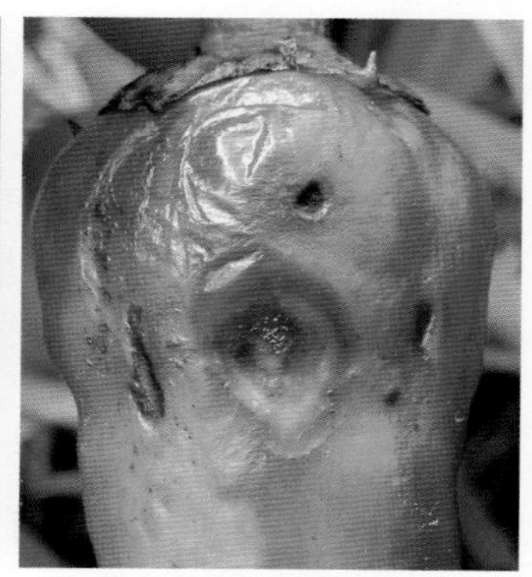

辣椒炭疽病病果果面凹陷病斑

辣椒炭疽病果柄上的病斑

辣椒炭疽病茎上的病斑

辣椒炭疽病病果上的病斑

辣椒炭疽病病果后期病斑

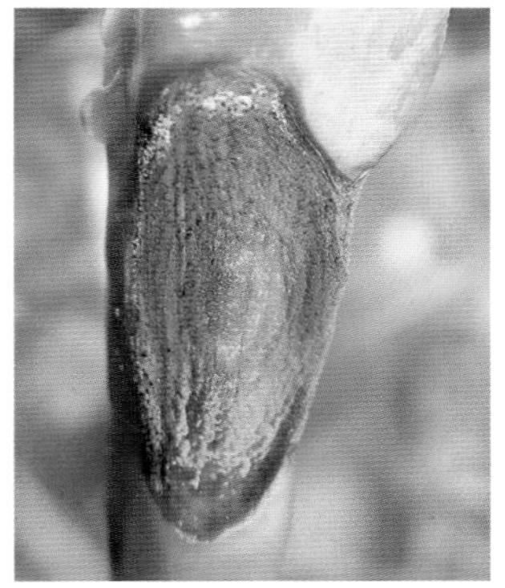

辣椒炭疽病病果病斑上的粉红色黏稠物

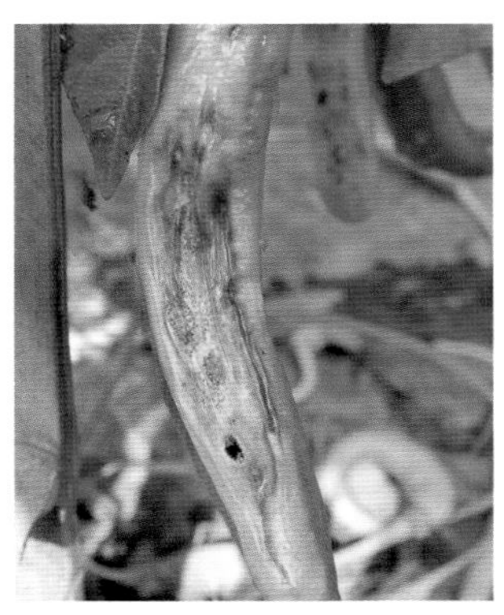

辣椒炭疽病严重发病状

初始产生水渍状褪绿斑点，逐渐扩展为近圆形病斑，边缘褐色，中央灰褐色，病部具黑色小点密集排列成的同心轮纹，常变薄如纸，易破裂穿孔，叶片发病严重时易脱落。茎上病斑表现为稍下陷的短条斑，造成枝枯或全株枯死，患部亦常有小黑点。

发生规律：病菌以分生孢子附于种子表面或以菌丝潜伏在种子内越冬，播种带菌种子便能引起幼苗发病；病菌还能以菌丝或分生孢子盘随病残体在土壤中越冬，成为下一季发病的初侵染菌源。病菌发育温度范围为12 ~ 33℃，高温高湿有利于此病发生。如平均气温26 ~ 28℃，空气相对湿度大于95%时，最适宜发病和侵染。最适感病生育期为结果中后期。长江中下游地区5—6月开始发病，主要发病盛期在7—9月。

防治方法：①从无病留种株上采收种子，选用无病种子。②种植抗病品种。③重病地提倡与非茄科、豆类及十字花科作物2～3年轮作。④种子消毒。播前可用55℃温汤浸种5分钟后，立即移入冷水中冷却，晾干后催芽播种；或用种子重量0.4%的2.5%咯菌腈悬浮种衣剂包衣，晾干后播种。⑤合理密植，高畦深沟种植，雨季及时开沟排水，适当增施磷、钾肥；田间发现病果随即摘除带出田外销毁；收获后清除病残体，带出田外深埋或销毁。⑥在发病初期开始喷药，药剂可选用10%苯醚甲环唑水分散粒剂1 000～1 500倍液，或25%嘧菌酯悬浮剂1 000～2 000倍液，或25%咪鲜胺乳油1 500～2 000倍液，或40%氟硅唑乳油6 000～8 000倍液，或75%肟菌·戊唑醇水分散粒剂3 000～4 000倍液，或30%苯甲·嘧菌酯悬浮剂1 000～1 500倍液，或42.4%唑醚·氟酰胺悬浮剂2 000～2 500倍液。通常第一次施药应在第二穗坐果前，每隔7～10天喷1次，连续喷2～3次。

辣椒疫病

辣椒疫病是辣椒生产中的毁灭性病害，植株染病后迅速凋萎，可造成辣椒成片死亡。辣椒疫病主要危害茎、叶和果实，苗期和成株期均可染病。除危害辣椒外，还可危害番茄、茄子、黄瓜、南瓜、西瓜、甜瓜等。

症状：成株期染病，根部出现根腐性烂根最普遍，须根少且易断，主根、侧根及须根的表皮易剥离，木质部变色。茎染病，多在茎基部发生，发病初始产生暗绿色水渍状斑，逐渐发展为褐色条斑，病株基部分杈处常呈黑褐色或黑色，似条斑，造成病部以上枝叶逐渐枯萎，病茎常从病部折倒。叶片上病斑圆形或近圆形，边缘黄绿色，中央暗褐色，叶片部分或大部分软腐，易脱落，病斑干后为淡褐色。田间湿度大时，病部产生白色霉层。果实染病，以近地面的果实易发病，初始产生暗绿色水渍状斑，逐渐变褐软腐，褐色；高湿时病部产生白色霉层，空气干燥后呈褐色僵果，残留在枝上。苗期染病，幼苗茎基部产生暗绿色水渍状病区，后出现环绕表皮扩展的暗绿色或黑褐色条斑，病部易缢缩、折倒，幼苗凋萎，引起苗期猝倒。

发生规律：辣椒疫病由辣椒疫霉侵染所致，是典型的土传病害。病菌以卵孢子和厚垣孢子随病株残体遗留在田间越冬，也能潜伏在土壤中或种

辣椒疫病病果软腐

辣椒疫病病果果面白色霉层

子上越冬。病菌生育最适温度20 ～ 30℃，空气相对湿度达90%以上时发病迅速。重茬、低洼地、排水不良，以及氮肥使用偏多、植株密度过大、植株衰弱均有利于该病的发生和蔓延。早春温暖多雨、大雨或连阴雨后骤晴、气温迅速升高，有利于病害流行。如果连续3天下雨或暴雨淹水，田间就迅速发病、蔓延，甚至暴发成灾。最适感病生育期为坐果期。长江中下游地区主要发病盛期为保护地春季5—6月，露地6—7月。西北地区在5月底、6月初始见病株，6月下旬进入发病高峰期，可持续到7月下旬至8月上旬。

防治方法：参考番茄晚疫病。

辣椒菌核病

症状：苗期、成株期均可发生危害。苗期染病，茎基部出现水渍状浅褐色斑，后呈棕褐色，迅速绕茎一周，湿度大时，病部长有白色絮状物，有时软腐，无臭味，干燥后呈灰白色，病苗立枯状死亡。成株期染病，病斑常在距地面5 ～ 20厘米的茎部环茎一周后上下扩展。湿度大时，有白色棉絮状物，后茎部皮层霉烂，髓部解体为碎屑，病部及髓部有鼠粪状菌核；干燥时，植株表皮破裂，纤维束呈麻状外露，个别出现4 ～ 13厘米长的灰褐色轮纹斑。花、叶、果柄染病亦呈水渍状软腐，可致叶片脱落。果实染病后先变褐色，呈水渍状腐烂，逐渐扩展至全果，表面有白色菌丝体，后期有菌核形成。

发生规律、防治方法：参考番茄菌核病。

辣椒菌核病病部以上枯萎

辣椒菌核病枯枝

辣椒菌核病病斑环茎一周褐变

辣椒菌核病致茎分杈处发病

辣椒菌核病病茎内菌核

辣椒菌核病病果变褐软腐

辣椒菌核病病株枯死

辣椒青枯病

辣椒青枯病病株

症状：植株的细根首先褐变，不久开始腐烂并消失。植株迅速萎蔫、枯死，茎、叶仍保持绿色。切开接近地面部位的病茎，可以发现维管束微有褐变。病茎的褐变部位用手挤压有乳白色菌液排出。

发生规律、防治方法：参考番茄青枯病。

辣椒灰霉病

症状：辣椒灰霉病在苗期危害辣椒叶、茎、顶芽，发病初子叶先端变黄，后扩展到幼茎，缢缩变细，常自病部折倒而死。成株期危害叶、花、果实。叶片受害多从叶尖开始，初为淡黄褐色病斑，逐渐向上扩展为V形病斑。茎部发病产生水渍状病斑，逐渐变为灰白色或褐色，病斑绕茎一周，其上端枝叶萎蔫枯死，潮湿时其上长有霉状物，状如枯萎病。花器或果实染病，呈水渍状，有时病部密生灰色霉层。果实被害，多从幼果与花瓣粘连处开始，呈水渍状病斑，扩展后引起全果褐斑。病健交界明显，病部有灰褐色霉层。

辣椒灰霉病危害茎

辣椒灰霉病病枝上的灰霉

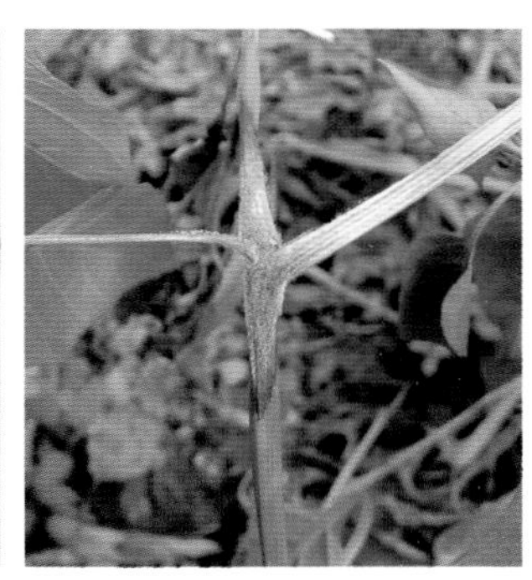
辣椒灰霉病致茎分杈处发病

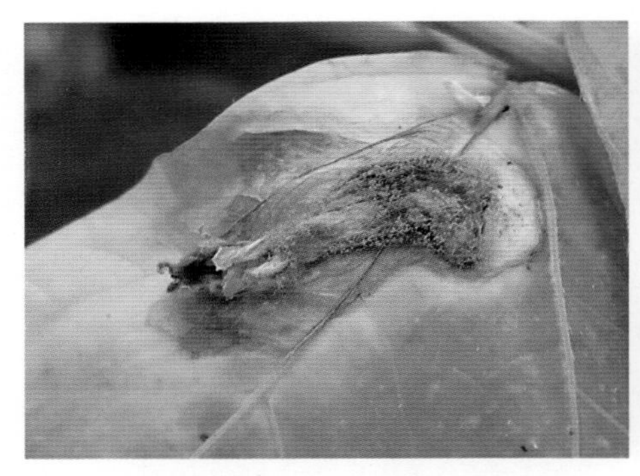
辣椒灰霉病病叶上的病斑及灰霉

辣椒灰霉病病果

发生规律、防治方法：参考番茄灰霉病。

辣椒早疫病

症状：发病后叶上病斑呈圆形，黑褐色，有同心轮纹，潮湿时有黑色霉层。茎受害，有褐色凹陷椭圆形的轮纹斑，表面生有黑霉。

辣椒早疫病病叶上的轮纹状病斑

辣椒早疫病发病严重叶片

发生规律、防治方法：参考番茄早疫病。

辣椒褐斑病

症状：辣椒褐斑病主要危害辣椒叶片。在叶片上形成圆形或近圆形病斑，初为褐色，后渐变为灰褐色，表面稍隆起，周缘有黄色的晕圈，斑中央浅灰色，四周黑褐色，严重时病叶变黄脱落，茎部也可染病，症状类似。

发生规律：病原为辣椒尾孢，在种子上越冬，或以菌丝体在蔬菜病残体或病叶上越冬，成为翌年初侵染源。病害常始发于苗床中。高温高湿持续时间长，有利于该病发生和蔓延。

防治方法：参考辣椒炭疽病。

辣椒褐斑病病叶

辣椒疮痂病

辣椒疮痂病又名细菌性斑点病、落叶瘟，是辣椒生产上的主要病害，可危害辣椒、番茄、马铃薯等。

症状：主要危害叶片、茎蔓、果实。叶片染病多从近地面老叶逐渐向上部叶片发展。叶片初期出现黄绿色水渍状斑点，扩大后呈圆形或不规则状，病斑中部凹陷，褐色，边缘暗褐色，稍隆起，表面粗糙呈疮痂状，潮湿时几个病斑连接为较大病斑。严重时病叶的叶缘、叶尖常变干枯，破裂穿孔，甚至整片叶变黄干枯，病叶脱落。茎染病后病斑呈不规则条斑或斑块，病部稍隆起，呈疮痂状。果实染病后出现圆形或长圆形墨绿色病斑，直径0.5厘米左右，边缘略隆起，表面粗糙，引起烂果。

辣椒疮痂病病叶早期症状

辣椒疮痂病病叶后期症状

辣椒疮痂病病茎

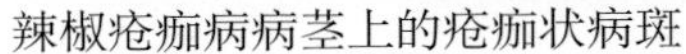

辣椒疮痂病病茎上的疮痂状病斑

辣椒疮痂病病茎上的条斑

发生规律：病原为野油菜黄单胞菌辣椒斑点致病变种，病原细菌主要在种子表面越冬，也可随病残体在田间越冬。翌年借风雨、昆虫传播到叶、茎或果实上，从伤口或气孔侵入。在潮湿情况下，病斑上产生的灰白色菌脓借雨水飞溅及昆虫等作近距离传播。发病适温27 ～ 30℃，高温多湿条件下病害发生严重，疮痂病多发生于7—8月，尤其是在暴风雨过后，易形成发病高峰。管理粗放、虫害重或暴风雨造成伤口多、长势弱的植株发病重，与茄果类蔬菜如番茄、茄子等轮作的地块发病重。

防治方法：参考番茄细菌性斑点病。

茄果类蔬菜根结线虫病

根结线虫病是蔬菜生产上的主要病害，可危害番茄、茄子、辣椒及瓜类、豆类、叶菜类等多种蔬菜。

症状：仅发生于根部，以侧根和支根最易受害，从苗期到成株期均可发生。茄子根瘤多发生在侧根上，番茄的须根和侧根上产生串珠状或畸形瘤状根结，初为乳白色，后变为黄褐色，表面常有龟裂。常可在根结上生出细弱新根，再度染病后则形成根结状肿瘤。染病植株瘦弱矮小，表现萎缩或黄化，叶片黄化，晴天中午前后，特别是在干旱的气候条件下，叶片萎蔫，状似地下水分不足所致，不结实或结实不良。早晚气温较低或浇水充足时，暂时萎蔫的植株又可恢复正常。随着病情的发展，萎蔫不能恢复，直至植株枯死。

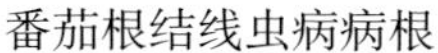
番茄根结线虫病病根

茄子根结线虫病病根

发生规律：根结线虫常以二龄幼虫或卵随病残体遗留在土壤中越冬，可存活1～3年。条件适宜，越冬卵孵化为幼虫，从嫩根侵入，并刺激细胞膨胀，形成根结。根结线虫多分布在20厘米以上的土层内，通过病土、病苗、灌溉水和农事活动传播。南方根结线虫生存适温25～30℃。在温度低于5℃、高于40℃条件下线虫很少活动，55℃经10分钟致死。地势高燥、土壤质地疏松、盐分低的条件适宜线虫活动，有利于发病，连作地发病重。

防治方法：①合理轮作，与非寄主植物进行2～3年以上轮作。②选用无病土育苗，清除病残体和田间杂草以减少下茬线虫基数，增施有机肥。③土壤消毒。在炎热的夏季，每隔3～4周翻耕1次土壤，使深层土壤暴露于地表，经过阳光暴晒，可杀死线虫；温室、大棚可在夏季休闲时采用双层薄膜覆盖土壤进行消毒，使土壤温度达50℃以上。④土壤药剂处理。苗床或棚室处理，每亩可用10%噻唑膦颗粒剂2千克，或0.5%阿维菌素颗粒剂3千克，或2%阿维·噻唑膦颗粒剂2～3千克，将药土均匀撒于土表，用机械或铁耙将药剂与畦面20厘米表土层充分拌匀，处理当天可定植。或用20%噻唑膦水乳剂750～1 000毫升，或41.7%氟吡菌酰胺悬浮剂0.024～0.030毫升/株灌根。

（二）茄果类蔬菜害虫

马铃薯瓢虫

马铃薯瓢虫属鞘翅目瓢虫科，别名二十八星瓢虫，俗名花大姐。主要危害马铃薯、茄子、辣椒、龙葵、枸杞、番茄、烟草等，也可危害豆类、瓜类及十字花科蔬菜等，马铃薯、茄子受害最重。危害茄果类蔬菜的瓢虫主要包括马铃薯瓢虫和茄二十八星瓢虫。在黄河以北地区以马铃薯瓢虫为主，黄河以南、长江以北地区马铃薯瓢虫、茄二十八星瓢虫混合发生，而长江以南地区则以茄二十八星瓢虫占绝对优势。

形态特征：成虫体较大，半球形，赤褐色，全体密生黄褐色细毛，前胸背板的前缘凹陷而前缘角突出，中央有1个大而呈黑色的剑状纹，其两侧各有2个黑色小斑（有时合并为一）。每个鞘翅上有14个黑斑，基部3个，后方的4个黑斑不在1条直线上。两鞘翅会合时有1 ～ 2对黑斑相接触。卵炮弹形，初产时鲜黄色，后渐变为黄褐色，卵块中的卵排列松散。老熟幼虫呈纺锤形，中部膨大而背面隆起。胸腹部鲜黄色，背面有枝刺，各枝刺

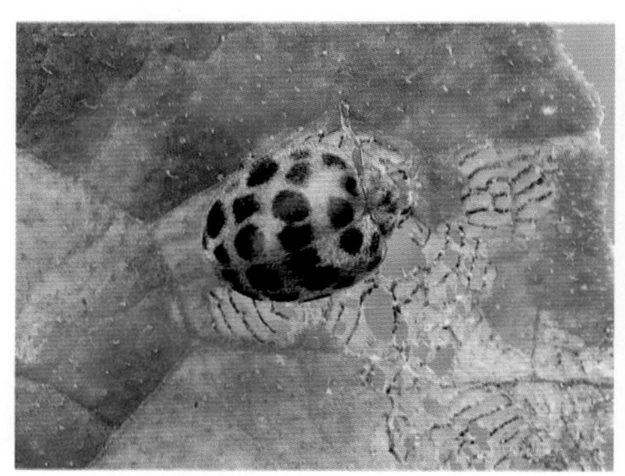

马铃薯瓢虫成虫及危害状

马铃薯瓢虫成虫

马铃薯瓢虫低龄幼虫

马铃薯瓢虫高龄幼虫

大部分黑色，枝刺基部均围以淡黑褐色环纹。蛹椭圆形，黄色，被有稀疏毛。背面隆起，上有黑色斑纹，腹面平坦。

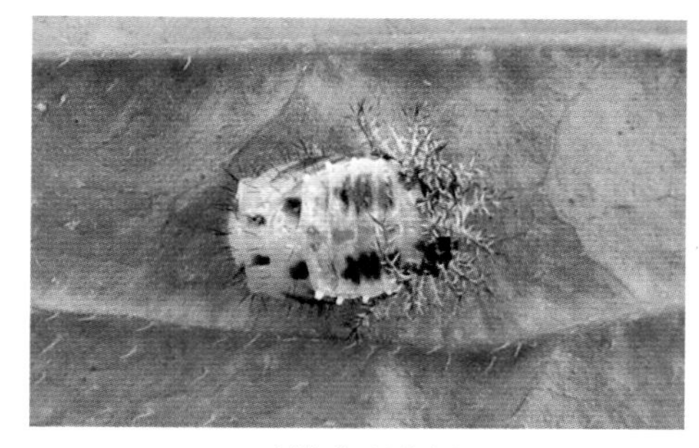
马铃薯瓢虫蛹

危害状：以成虫和幼虫危害叶片，幼虫在叶背啃食叶肉，仅残留一层表皮，呈网状，或形成许多不规则透明的凹纹和褐色斑痕，严重时仅剩下主叶脉。有时还能危害果实和嫩茎，严重时只剩下茎。还取食花瓣、萼片和果实，茄子果实被害，被啃食出许多凹纹，逐渐变硬，并有苦味，失去商品价值。

生活习性：在东北、华北1年发生1～2代，在南方3～6代，江苏3代，以成虫在发生地附近背风向阳的各种缝隙或隐蔽处群集越冬。越冬成虫一般在日平均气温16℃以上时即开始活动，20℃则进入活动盛期。成虫早晚静伏，白天觅食、迁移、交配、产卵。午前多在叶背取食，下午4时后转向叶面取食。成虫有假死性。初孵幼虫群集于叶背取食危害，二龄后逐渐分散危害。山区和夏季气温较低的地方发生重。四周荒地多的田块发生早、危害重。6月下旬至7月上旬为第一代幼虫严重危害时期，8月中旬为第二代幼虫严重危害时期。

防治方法：①及时处理收获后的马铃薯、茄子等残株，铲除杂草，降低越冬虫源基数。②人工摘除卵块。③利用成虫假死习性，在上午10时前或下午4时后，用盆接在植株下，摇动植株使成虫坠落盆中，然后集中杀死。④药剂防治。防治适期在幼虫孵化盛期至二龄分散前，注意重点喷叶背面。药剂可选用6%乙基多杀菌素悬浮剂800倍液（卵孵盛期），或50%辛硫磷乳油1 000倍液，或4.5%高效氯氰菊酯乳油1 000倍液，或25%噻虫嗪水分散粒剂4 000倍液，或20%氯虫苯甲酰胺悬浮剂4 000 ～ 5 000倍液，或2.5%溴氰菊酯乳油3 000倍液。

茄二十八星瓢虫

茄二十八星瓢虫属鞘翅目瓢虫科，别称酸浆瓢虫。危害马铃薯、茄子、番茄、甜椒等茄科蔬菜及黄瓜、冬瓜、丝瓜等葫芦科蔬菜，以危害茄子为主。

形态特征：成虫体较小，体黄褐色，前胸背板多具6个黑斑，中央2个，一前一后，前方的大，横形，后方的圆形（或纵长，与前方的相接），每侧各2个。鞘翅上黑斑小而略圆，鞘翅基部3个黑斑后方的4个黑斑几乎在一直线上，鞘翅会合时，两鞘翅上黑斑不相接触。卵炮弹形，卵块中的卵排列较密集，初为鲜黄，后变黄褐。初孵幼虫淡黄色，后变白色；体表多枝刺，白色；基部有黑褐色环纹。蛹椭圆形，淡黄色，包于幼虫皮壳之内。

茄二十八星瓢虫成虫

茄二十八星瓢虫卵

茄二十八星瓢虫卵及初孵幼虫

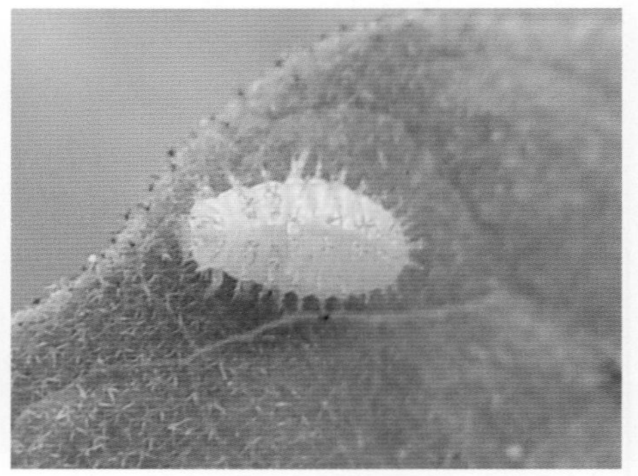

茄二十八星瓢虫幼虫

危害状：成虫和幼虫食叶肉，残留上表皮呈网状，严重时全叶食尽。此外，还舔食瓜果表面，受害部位变硬，带有苦味，影响产量和质量。

茄二十八星瓢虫成虫危害状

茄二十八星瓢虫低龄幼虫及危害状

茄二十八星瓢虫成虫危害茄子叶片

茄二十八星瓢虫危害茄果

生活习性：1年发生3 ～ 6代，江苏、安徽3代，广东5代，以成虫在背风向阳的树皮缝、土隙、树根、墙缝及各种秸秆、杂草间越冬。翌年春季，越冬成虫开始活动，先在马铃薯及茄科杂草上危害取食，然后迁移到茄子、番茄等作物上危害，茄子受害最重。成虫昼夜都可取食，以晴天白天取食量最大；飞翔力较弱，有假死性，畏强光，喜欢栖息在植物叶片背面；卵成块产于叶背。初孵幼虫常群集在卵块附近取食，二至三龄时渐分散危害，幼虫比成虫更畏强光，除晚上和阴天外，常栖息在叶背或其他隐蔽处。幼虫老熟后，多在叶背或茎、杂草上化蛹。在南方各省份一般6—9月是危害盛期。

防治方法：参考马铃薯瓢虫。

棉铃虫

棉铃虫属鳞翅目夜蛾科，俗称青虫、钻心虫、钻桃虫、棉铃实夜蛾、番茄蛀虫等，属喜湿喜温性害虫。寄主很多，我国已知有30多科200余种，主要危害辣椒、番茄、茄子等茄果类蔬菜，豆类、瓜类蔬菜，以及锦葵科与禾本科植物等。

形态特征：成虫前翅颜色变化较多，雌蛾前翅赤褐色或黄褐色，雄蛾多为灰绿色或青灰色。前翅具褐色环纹和肾形纹，肾形纹前方的黑缘脉上有2个褐色环纹，肾形纹外侧为褐色宽横带，端区各脉间有黑点。中横线由肾形纹下斜、末端达环状纹的正下方。亚外缘线波形幅度较小，与外横线之间呈褐色宽带，带内有清晰的白点8个。外缘有7个红褐色小点排列于翅脉间，外缘线后伸，达肾形纹正下方。后翅灰白色，翅脉褐色或淡褐色，中室末端有1条褐色斜纹，外缘有1条茶褐色宽带纹，带纹中有9个牙形白斑。卵椭圆形或馒头形，乳白色，具纵横网格，初产卵黄白色或翠绿色，

棉铃虫成虫

棉铃虫幼虫

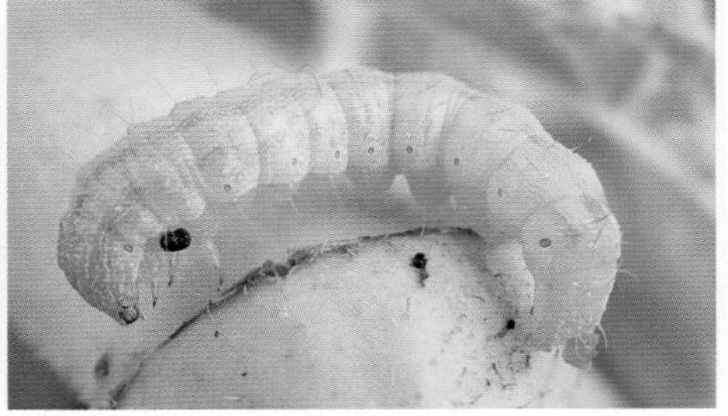

不同体色棉铃虫幼虫

近孵化时变为红褐色或紫褐色。成长幼虫各节上均有毛片，体表布满褐色和灰色的尖刺。体色变化很大，有淡绿色、绿色、黄白色、淡红色、黑紫色等。头部黄色，两根前胸侧毛连线与前胸气门下缘相切或相连，背线、亚背线和气门上线较体色深，气门多呈白色。蛹体长纺锤形，第五至七腹节前缘密布比体色略深的刻点，腹部末端有臀刺两根，其基部离得较开。

棉铃虫蛹

危害状：以幼虫蛀食蕾、花、幼果为主，也可咬食嫩茎、嫩叶、芽，造成落花、落果、虫果腐烂和折茎。初孵幼虫先危害嫩芽及花蕾，幼蕾受害后，苞叶张开，变成黄绿色，2 ～ 3天后脱落。三龄后钻蛀果实，虫粪排至孔外，虫体尾部常露在果外。叶片被取食后造成孔洞或缺刻。

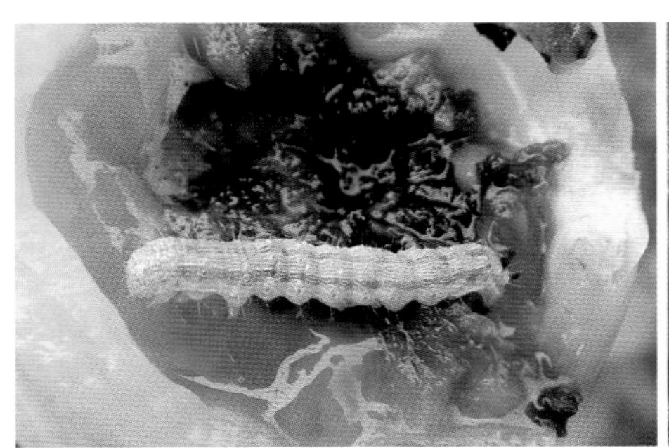

棉铃虫危害番茄果实

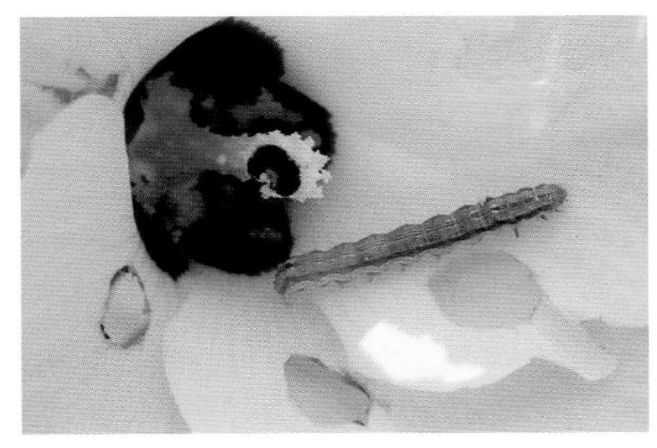

棉铃虫危害黄秋葵花

棉铃虫危害黄秋葵果实

棉铃虫危害黄秋葵果实

生活习性：在黄河流域1年发生3 ～ 4代，长江流域4 ～ 5代，以蛹在土中越冬。春季气温回升达15℃以上时开始羽化，4月下旬至5月上旬为羽化盛期，成虫各代发生期分别为第一代5月上旬至6月中旬，第二代6月中旬至7月中旬，第三代7月中旬至8月中旬，第四代8月中旬至9月上旬，第五代9月上中旬至10月上中旬。江苏、浙江、上海一般以第二、四代危害偏重。长江流域6月中下旬和8月中下旬为发生危害盛期。成虫昼伏夜出，飞翔力强，对黑光灯趋性强。喜温暖、潮湿，有较明显的趋嫩性，生长势旺、枝叶幼嫩茂密的植株易着卵。幼虫四至五龄有转株危害的习性，转移时间多在夜间和清晨。幼虫老熟后从植株果实上落至地面，钻入距土表3厘米的土层或土缝中化蛹。

防治方法：①秋翻、冬耕冬灌可消灭部分越冬蛹，且能阻止成虫羽化出土，使其窒息。②结合整枝等农事操作人工摘除虫卵，及时摘除虫果进行集中处理。③于成虫盛发期选带叶杨柳枝剪成30 ～ 50厘米长，5 ～ 10枝一捆，插在田间，每亩20捆，清晨用塑料袋套住枝把捕杀。或在田中或地边种植少量甜玉米诱集带，诱蛾产卵。④利用黑光灯诱杀成虫。⑤大棚防虫网覆盖。⑥药剂防治。要抓住孵化盛期至低龄幼虫盛期，幼虫尚未蛀入果内时适期防治，药剂可选用10亿PIB/克棉铃虫核型多角体病毒可湿性粉剂1 000倍液，其余参考十字花科蔬菜害虫斜纹夜蛾。最好是晨露未干前或下午6时以后施药，重点喷施植株顶部，注意药剂轮换使用。

棉小造桥虫

棉小造桥虫属鳞翅目夜蛾科，别名棉夜蛾、小造桥虫、步曲、小造桥夜蛾等，危害棉花、黄秋葵、冬葵、黄麻、苘麻、烟草等。

形态特征：成虫头、胸部橘黄色，腹部背面灰黄色至黄褐色。雌虫前翅淡黄褐色，雄虫黄褐色。雌虫触角为丝状，雄虫栉齿状。前翅外缘中部向外突出呈角状，翅内半部淡黄色，外半部褐色。亚基线、内线、中线、外线棕色，亚基线略呈半椭圆形，亚端线紫灰色锯齿状，环纹白色，外缘有褐边。卵扁圆形，青绿色至褐绿色，顶部隆起，底部较平。卵顶部有1个圆圈，卵壳四周有方格纹。幼虫头淡黄色，体黄绿色或灰绿色。背线、亚背线、气门上线灰绿色，中间有不连续的白斑。气门长卵圆形。第一对腹足退化，第二对较短小，爬行时虫体中部拱起，呈桥状。蛹赤褐色，头中部有1个乳状突起，有臀刺。

棉小造桥虫成虫

棉小造桥虫幼虫

棉小造桥虫蛹

危害状：幼虫咬食叶片，食成缺刻或孔洞，常将叶片吃光，仅剩叶脉。有时也食嫩果，受害器官被毁，不能充分生长发育，影响产量与品质。

生活习性：黄河流域1年发生3 ～ 4代，长江流域5 ～ 6代，以蛹在枯枝落叶间越冬。翌春4月开始羽化，在湖北各代幼虫盛发期为5月中下旬、7月中下旬、8月中下旬、9月中旬和10月下旬至11月上旬，以第三、四代发生较重。1年发生3代的地区各代幼虫危害盛期分别在7月中下旬、8月上中旬、9月上中旬。成虫有趋光性。低龄幼虫多在植株中下部危害，一、二龄幼虫取食下部叶片，稍大后转移至上部危害，四龄后进入暴食期，五至六龄幼虫则多在上部叶背危害。老熟幼虫多在早晨吐丝缀叶卷苞作茧化蛹。6—8月多雨的年份发生较重。

防治方法：在幼虫发生期，结合防治其他夜蛾类害虫进行药剂防治。具体可参考十字花科蔬菜害虫斜纹夜蛾。

玉米螟

玉米螟属鳞翅目螟蛾科，俗称玉米钻心虫，是多食性害虫，主要危害玉米、高粱、谷子、豌豆、番茄、辣椒、黄秋葵及豆类，是多种蔬菜、粮食作物上常见的蛀食性害虫。

形态特征：成虫体黄褐色，前翅有2条褐色波状横纹，两纹间还有2条黄褐色短纹，雄蛾体色和翅色较雌蛾深。卵略扁，短椭圆形，初产时乳白色，近孵化时为黑褐色，卵粒呈鱼鳞状排列。幼虫共5龄，老熟幼虫体色变化较大，有淡褐色、深灰褐色、灰黄色等。中胸和后胸背面各有毛瘤4个，

玉米螟成虫

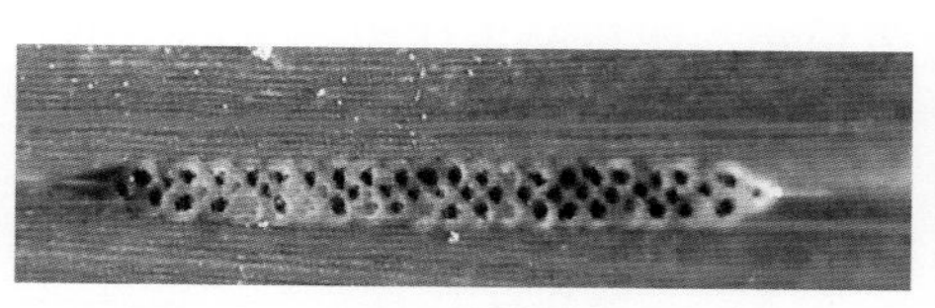

玉米螟卵块

玉米螟低龄幼虫

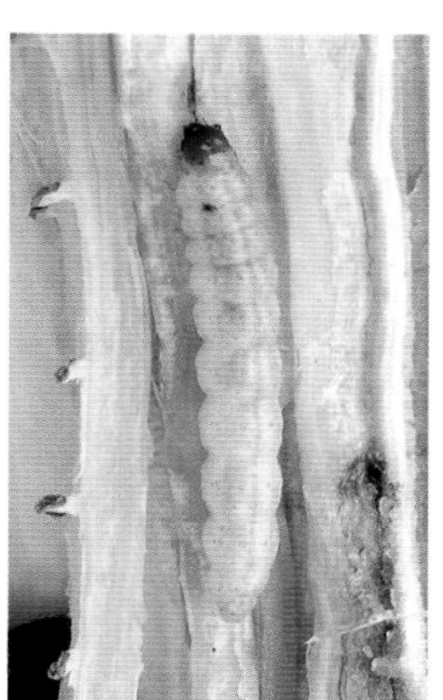

玉米螟幼虫及危害状　　玉米螟高龄幼虫　　玉米螟蛹背面　　玉米螟蛹腹面

排成一横列。腹部第一至八节背面各有2排毛瘤，前、后排各2个。蛹黄褐色，有臀刺5 ～ 8根。

危害状：在黄秋葵心叶期幼虫集中危害，在卷着的嫩叶内蛀食，叶片抽出展开后，形成横排的小洞，呈花叶或多孔状。还可从叶柄蛀入危害，导致叶柄折断或叶片枯萎死亡。也可从茎部蛀入取食危害，造成茎中空，严重时造成蛀孔以上的叶片全部枯萎死亡。幼虫蛀食危害时将其排出的粪便堆积在蛀孔边上。还可危害果穗。在豇豆、扁豆等豆科蔬菜上危害，初孵幼虫啃食嫩叶表皮，二至三龄幼虫由腋芽蛀入茎蔓、花蕾及荚内危害，造成茎蔓

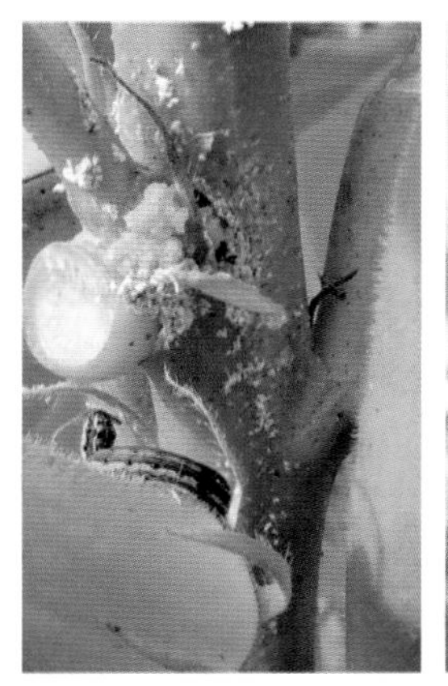

玉米螟危害黄秋葵茎

玉米螟钻食黄秋葵茎

玉米螟危害黄秋葵幼茎及排泄物

玉米螟危害黄秋葵致叶片枯黄

玉米螟危害黄秋葵致叶片失水枯萎

玉米螟危害黄秋葵叶柄

玉米螟危害黄秋葵果荚

枯死、落蕾、落花、蛀荚。在生姜上危害，茎部被蛀，可形成枯心苗。

生活习性：1年发生1～7代，四川2～4代，浙江、福建4代，广东、广西5～6代，通常以老熟幼虫在作物茎、穗轴内越冬。成虫夜间活动，飞翔力强，对黑光灯有较强的趋光性。幼虫孵出后，先聚集在一起，然后在植株幼嫩部分爬行，开始危害。幼虫多为5龄，三龄前主要集中在幼嫩心叶、叶柄、嫩茎和幼果上活动取食，被害心叶展开后，即呈现许多横排小孔，四龄以后大部分钻入茎。玉米螟适合在高温、高湿条件下发育。

防治方法：①冬季或早春蛹羽化之前处理秸秆、穗轴。②在各代成虫盛发期，采用黑光灯和玉米螟性诱剂诱杀成虫。③人工摘除卵块和田间释放天敌赤眼蜂。④药剂防治。应抓住幼虫孵化盛期至低龄幼虫期，尚未蛀入前及早防治。药剂可选用16 000国际单位/毫克苏云金杆菌可湿性粉剂

800 ~ 1 000倍液，或5%氯虫苯甲酰胺悬浮剂1 000 ~ 1 500倍液，或5%甲氨基阿维菌素苯甲酸盐乳油1 500倍液，或5%虱螨脲乳油1 000倍液，或2.5%氯氟氰菊酯乳油2 000 ~ 3 000倍液，或1%阿维菌素乳油2 000 ~ 3 000倍液，40%氯虫·噻虫嗪水分散粒剂3 000 ~ 4 000倍液等喷雾防治。

棉大卷叶螟

棉大卷叶螟属鳞翅目螟蛾科，又名包叶虫，危害苹果、蜀葵、黄秋葵、锦葵等。

形态特征：成虫体淡黄色，有闪光。腹部各节前缘有黄褐色带。触角丝状。前后翅外缘线、亚外缘线、外横线、内横线均为黑褐色波浪状。前翅中室前缘处具OR形褐斑，在OR形斑下具一浅褐色线，缘毛浅褐色；后翅外横线曲折，外缘线和亚外缘线波纹状，缘毛浅灰褐色。卵扁椭圆形，初产乳白色，后变浅绿色，孵化前为灰色。幼虫头扁平，黑褐色，有不规则的暗褐色斑纹。腹部青绿色或淡绿色，除前胸及腹部末节外，每节两侧各有毛片5个，上生刚毛。化蛹前变成桃红色，全身具稀疏长毛，胸足、臀足黑色，腹足半透明。蛹棕红色，臀棘末端有钩刺4对，中央1对最长，两侧各对依次逐渐短小。

棉大卷叶螟成虫

棉大卷叶螟幼虫

危害状：初孵幼虫聚集在叶背面食害，仅吃叶肉，留下表皮，不卷叶。二龄后开始分散吐丝，将叶卷成喇叭状，在卷叶中取食，虫粪排于叶外，严重时可将全株叶片吃光，仅剩茎。

生活习性：在长江流域1年发生4 ~ 5代，辽宁3代，华南5 ~ 6代，以老熟幼虫在落叶、树皮缝隙及杂草根际等处越冬。4月化蛹，在木槿等植

棉大卷叶螟老熟幼虫

棉大卷叶螟蛹背面

棉大卷叶螟蛹腹面

棉大卷叶螟幼虫危害黄秋葵致卷叶

棉大卷叶螟幼虫危害黄秋葵造成叶片缺刻

棉大卷叶螟幼虫危害状

物上完成第一代发育，第二代开始转入棉田、黄秋葵田危害，8月上旬至9月是第二、三代幼虫危害盛期。成虫有趋光性，白天隐蔽在叶片背面或杂草丛中，夜晚活动。卵多产于上部叶片背面。低龄幼虫有群居性，同一卷叶里可有几头幼虫取食，并可转叶危害，以丝将尾端拴在叶片上吐丝化蛹于卷叶中。春夏干旱，秋季多雨的年份发生量大；生长茂密的地块且多雨年份发生量大，受害重。

防治方法：①收获后，结合秋耕清除田间残枝落叶和杂草，铲除田边杂草，早春及时销毁残留的茎、干荚等，可消灭越冬虫源。②发现卷叶后可用手捏压。③药剂防治。在幼虫未卷叶前，产卵盛期至卵孵化盛期防治。可用8 000国际单位/毫克苏云金杆菌乳剂200倍液，或10%氯氰菊酯乳油2 000 ~ 2 500倍液，或25%喹硫磷乳油1 500 ~ 2 000倍液，或2.5%溴氰菊酯乳油2 500 ~ 3 000倍液等进行喷雾防治。

犁纹丽夜蛾

犁纹丽夜蛾属鳞翅目夜蛾科，主要危害木芙蓉、木槿、蜀葵、黄秋葵、棉花等锦葵科植物。

形态特征：成虫头、胸部嫩黄色，腹部黄褐色，触角线状，前、后翅黄色。前翅中间有两个犁头形褐色线纹，前翅外缘黑褐色。幼虫体圆筒形，翠绿色，上长有很多刺毛，刺毛基部有小圆锥形突起。体上面的斑纹有两种类型：一种头红褐色，背线黄色，每节两边各有两个黑斑，上生灰白色或黑色刺毛，气门线淡黄色；另一种头黄绿色，背线不明显，每节有两个红褐色蛇目状斑点和多个眼状斑纹，眼纹上生刺毛。老熟时幼虫变紫褐色。

犁纹丽夜蛾成虫

犁纹丽夜蛾幼虫

犁纹丽夜蛾不同体色幼虫

危害状：以幼虫啃食嫩叶，形成孔洞。

生活习性：1年发生2代，以蛹在土中筑土茧越冬。翌年5月化蛹，6月第一代成虫发生，7—8月为幼虫危害盛期。幼虫老熟后入土化蛹，8—9月第二代成虫发生，9—10月第二代幼虫发生。

防治方法：可用黑光灯诱杀成虫。其他可参考棉大卷叶螟。

犁纹丽夜蛾幼虫危害状

茄黄斑螟

茄黄斑螟属鳞翅目螟蛾科，别名茄子钻心虫、茄螟、茄白翅野螟；主要危害茄子，也可危害马铃薯、龙葵及豆类等作物。

形态特征：成虫体、翅均为白色。前翅具4个明显的黄色大斑纹，翅基部黄褐色，中室与后缘呈红色三角形斑纹，翅顶角下方有1个黑色眼形斑纹，后翅中室有1个小黑点，后横线暗色，外缘有2个浅黄色斑纹。卵长椭圆形，外形类似水饺状，初产时乳白色，孵化前呈灰黑色。幼虫共6龄，低龄幼虫乳白或灰白色，老熟幼虫体多呈粉红色，头及前胸背板黑褐色，背线褐色，各节均有6个黑褐色毛斑，呈两排排列，前排4个大斑，后排2个小斑。蛹浅黄褐色，茧坚韧，有内外两层，茧形不规则，多呈长椭圆扁平状。

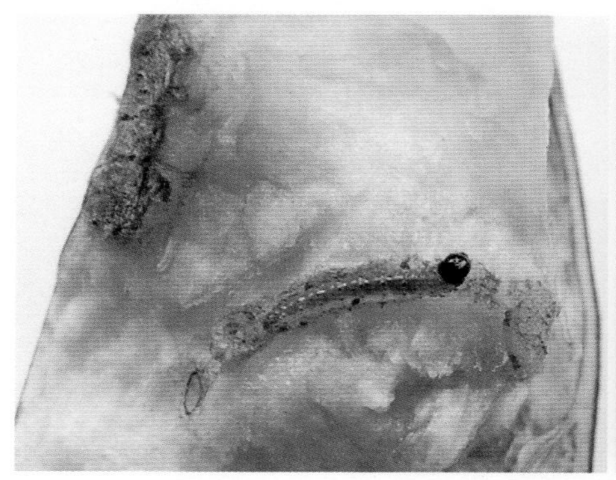

茄黄斑螟幼虫

危害状：以幼虫危害茄子，初孵幼虫蛀食花蕾、花蕊、子房、心叶、嫩梢及叶柄等处，三龄以上幼虫可蛀果或蛀茎，造成枝梢枯萎、落花、落果及果实腐烂。嫩梢被蛀害后上部枝梢枯死，向下蛀至木质部时，则转移危害。茄子果实被蛀害后，蛀孔表面有虫粪，并常引起腐烂。

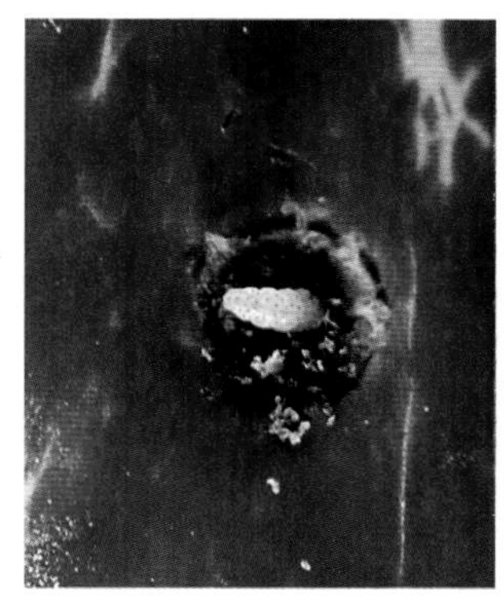

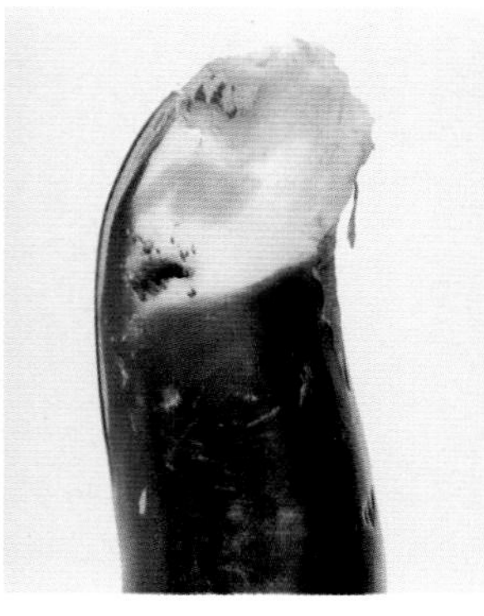

茄黄斑螟幼虫危害茄果

茄黄斑螟幼虫危害茎

生活习性：长江下游1年发生4 ~ 5代，武汉5 ~ 6代，以老熟幼虫在植物残株枝杈上、枯老卷叶中、杂草根际周围及土表缝隙等处越冬。翌年3—4月越冬的幼虫开始化蛹，5月中旬幼虫开始危害，7—9月是危害盛期，8月虫口密度大，世代重叠。成虫趋光性较弱，昼伏夜出。卵多产于植株的中、上部嫩叶背面。夏季老熟幼虫多在植株上部缀合叶片化蛹，秋季多在枯枝落叶、杂草、土缝内化蛹。秋季多蛀食茄果，夏季花蕾、嫩梢受害重。

防治方法：①在害虫发生盛期及时剪除被害植株嫩梢及虫蛀果实，茄子采收后及时处理残株，3月底前将残留的茎、枯枝销毁。②利用频振式杀虫灯或性诱剂诱杀成虫。③防虫网覆盖。④药剂防治。在幼虫孵化始盛期钻蛀危害之前进行防治。农药可选用15%茚虫威悬浮剂4 000倍液，或24%氰氟虫腙悬浮剂600 ~ 800倍液，或10%虫螨腈悬浮剂1 000 ~ 1 500倍液，或2.5%联苯菊酯乳油2 000 ~ 4 000倍液，或1.8%阿维菌素乳油2 000倍液等，在早晨、傍晚花瓣展开时用药，隔10天喷1次，连喷2 ~ 3次。施药以上午为宜，重点喷洒植株上部。

斜纹夜蛾

形态特征、危害状、生活习性及防治方法：参考十字花科蔬菜害虫斜纹夜蛾。

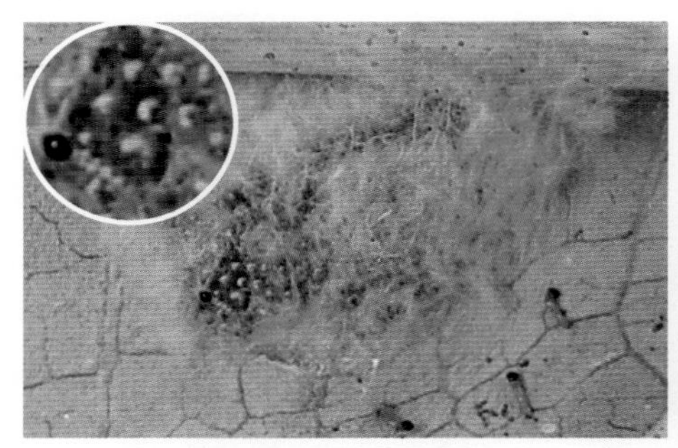

斜纹夜蛾卵块

斜纹夜蛾低龄幼虫危害黄秋葵叶片

斜纹夜蛾幼虫钻食黄秋葵果实

斜纹夜蛾幼虫啃食黄秋葵果实

斜纹夜蛾幼虫危害黄秋葵叶片造成孔洞

斜纹夜蛾幼虫群集危害黄秋葵花

斜纹夜蛾危害黄秋葵

斜纹夜蛾低龄幼虫危害茄子叶片

烟粉虱

烟粉虱属半翅目粉虱科，又称棉粉虱、甘薯粉虱和银叶粉虱，俗称小白蛾，是近年来新发生的一种害虫，其B型和Q型烟粉虱是入侵性最强、最重的“超级害虫”。主要危害温室、大棚及露地的西瓜、黄瓜、葫芦、番茄、茄子、菜豆、花椰菜、甘蓝、大白菜等蔬菜，此外还危害花卉及其他农作物，寄主共达100多科900余种。

形态特征：成虫虫体淡黄白色至白色，翅面覆盖白色蜡粉。复眼黑红色，前翅纵脉2条，前翅脉不分叉，停息时双翅合拢呈屋脊状，翅端半圆状遮住整个腹部。卵散产，长椭圆形，有卵柄，孵化前呈琥珀色。若虫长椭圆形，淡黄色至黄白色。一龄若虫周缘具毛，有触角和足，能爬行；二、三龄若虫呈椭圆形，淡绿色至黄色，腹部平，背部微隆起，足和触角退化。四龄若虫又称伪蛹，蛹壳一般椭圆形，有时边缘有凹入，呈现不对称形态。

烟粉虱成虫

烟粉虱卵

烟粉虱低龄若虫

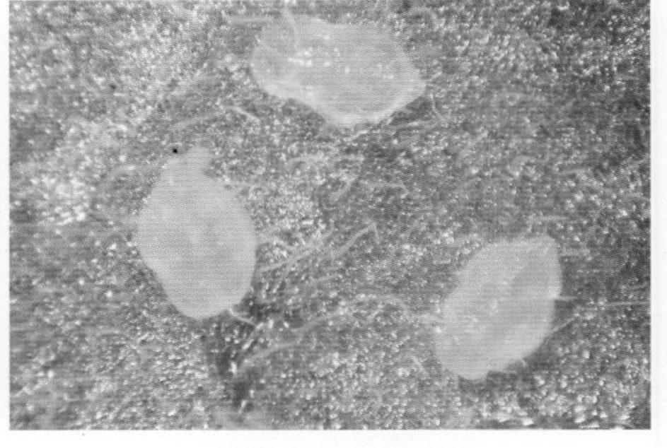

烟粉虱高龄若虫

在光滑无毛叶片上的蛹体背面不具长刚毛；而在具毛叶片上，蛹体背面多达7根刚毛，有时刚毛很长。

危害状：初孵若虫可短距离爬行寻找取食场所，二龄之后固定在叶背危害，开始营固定生活。由于成虫和若虫群集于叶背吸食植物汁液，被害叶片褪绿、变黄、萎蔫，甚至全株枯死。茄果类如番茄受害，果实出现不均匀成熟。由于分泌蜜露，严重污染叶片和果实，往往引起煤污病的发生。此外，还传播双生病毒引起番茄黄化曲叶病毒病，严重时造成整个大棚内种植的番茄绝收。

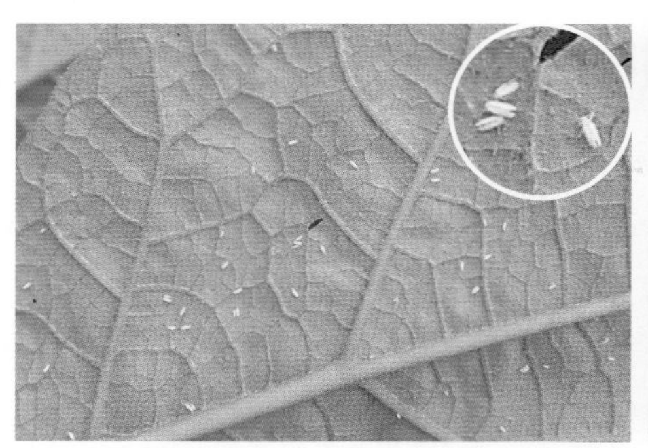

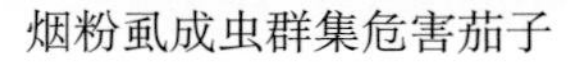

烟粉虱成虫群集危害茄子

烟粉虱若虫群集危害茄子

生活习性：在南方1年发生11 ～ 15代，在华南地区露地和棚室蔬菜烟粉虱周年发生。世代重叠极为严重。夏季种群数量达到高峰，危害程度最重。烟粉虱在北方露地植物上不能自然越冬，多以伪蛹在大棚等保护地作物上越冬，部分地区在大棚作物上则无越冬现象。在大棚等保护地栽培的

烟粉虱危害番茄叶片

烟粉虱危害番茄引发煤污病

蔬菜和花卉等植物上越冬的烟粉虱是翌年春季的主要虫源。成虫羽化后一般在中上部成熟叶片上产卵，多产在背面。成虫喜幼嫩的植物，聚集于叶背危害，趋黄色。烟粉虱种群发育、存活和繁殖最适宜温度为25 ~ 30℃，空气相对湿度为30% ~ 70%。在露地作物上，烟粉虱1年中的主害期从盛夏一直延续至晚秋；全年的盛发期和危害高峰期为8—9月，在保护地作物上，其主害期为晚春初夏和晚秋。

烟粉虱危害番茄果实

防治方法：①保护地秋冬第一茬应扩大种植不适宜烟粉虱危害且耐低温的芹菜、生菜、菠菜、茼蒿、韭菜、蒜黄等，减少黄瓜、番茄的种植面积，常发地区避免黄瓜、番茄、菜豆等混栽。②保护地蔬菜育苗前，先灭虫后育苗。每亩可用80%敌敌畏乳油0.4 ~ 0.5千克，与锯末或其他燃烧物混合，点燃熏烟杀虫。育苗房和生产温室分开，育苗前彻底熏杀残留虫口，清理杂草和残株，幼苗移栽前集中施药防治。③在温室、大棚门窗或通风口加设60目防虫网，也可悬挂白色或银灰色塑料薄膜条。④在粉虱发生初期，可在温室内设置黄板诱杀成虫。⑤结合农事操作，随时去除植株下部衰老叶片，并带出保护地外销毁。当茬蔬菜收获后，立即清除温室内若虫的残留枝叶，集中销毁或深埋，并清除田间及温室四周杂草。⑥在温室休闲的夏季密闭通风口，利用棚内50℃的高温杀死虫卵，持续2周左右。

冬季换茬时裸露1 ~ 2周，利用外界的低温也能有效杀死各态粉虱。⑦药剂防治。熏蒸：温室内可用22%敌敌畏烟剂250 ~ 300克，或20%异丙威烟剂250克，于傍晚收工前将保护地密闭，把烟剂分5 ~ 6份由里到门方向依次点燃熏烟，熏杀成虫。灌根：可用25%噻虫嗪水分散粒剂3 000倍液，或10%溴氰虫酰胺悬浮剂1 000倍液对营养钵进行喷淋，或在定植后3天，每株灌药液量30 ~ 50毫升。喷雾：当种群数量较低时（2 ~ 5头/株）早期施药，是药剂防治的关键。可选用2.5%噻虫嗪水分散粒剂3 000倍液，或22.4%螺虫乙酯悬浮剂2 000 ~ 2 500倍液，或10%溴氰虫酰胺悬浮剂1 000 ~ 2 000倍液，或10%烯啶虫胺水剂2 000 ~ 3 000倍液，或22%氟啶虫胺腈悬浮剂2 000 ~ 3 000倍液，或2%甲氨基阿维菌素苯甲酸盐乳油3 000倍液。每隔7 ~ 10天1次，连续防治2 ~ 3次。最好加甲基化植物油、有机硅等助剂，注意交替用药和不同作用机理的杀虫剂合理混配，如60%烯啶·吡蚜酮水分散粒剂2 500 ~ 4 000倍液，或70%烯啶·噻嗪酮水分散粒剂2 500 ~ 3 000倍液。

鉴于烟粉虱繁殖迅速和易于分散，为提高总体防效，应提倡同一片区内联防联治，并注意治早、治少。抓住害虫发生初期虫口种群密度较低时施药。同时要讲究施药技术，注意喷施叶片背部，喷足药液量。由于当前没有对所有虫态都有效的药剂，因此采用化学防治必须连续几次用药才能控制烟粉虱危险。

瓜蚜

形态特征、危害状、生活习性及防治方法：参考瓜类蔬菜害虫瓜蚜。

瓜蚜危害辣椒叶片

瓜蚜危害辣椒叶片致煤污病

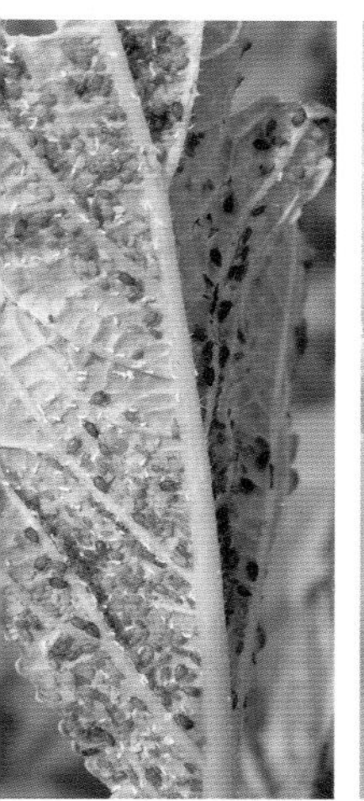
瓜蚜群集危害黄秋葵叶片

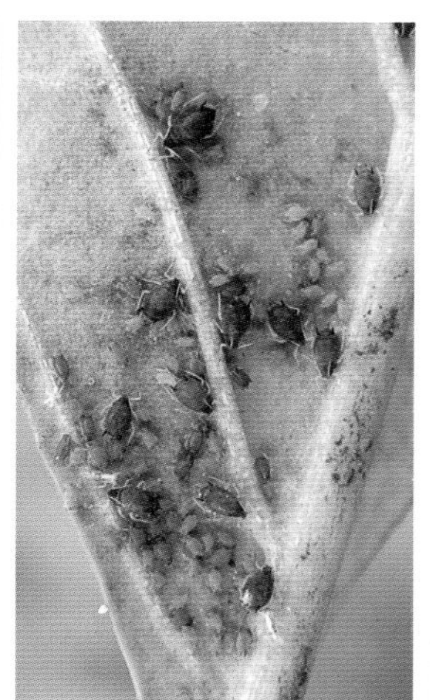
瓜蚜成、若蚜及危害状

瓜蚜危害黄秋葵叶片及幼果

瓜蚜危害黄秋葵果实

棕榈蓟马

危害状：以成虫和若虫锉吸寄主的心叶、嫩芽、花和幼果的汁液，被害植株心叶不能正常展开，生长点萎缩。叶片受害后在叶脉间留下灰色斑，并可连成片，叶片上卷，形成"猫耳朵"状，植株矮小，发育不良，或成为"无头苗"，似病毒病症状。幼果受害后，表皮呈黄褐色斑纹或长满锈斑，果皮粗糙，茄果尾端弯曲。

形态特征、生活习性及防治方法：参考瓜类蔬菜害虫棕榈蓟马。

棕榈蓟马危害茄子叶片致皱缩卷起

棕榈蓟马危害茄子叶片正面

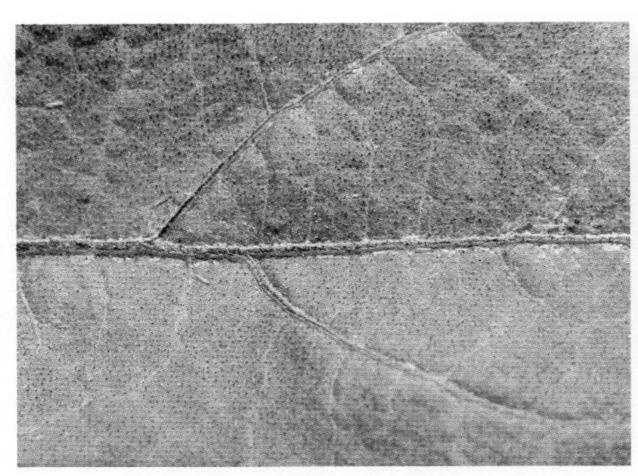

棕榈蓟马若虫及危害状

棕榈蓟马危害茄子叶片背面

棕榈蓟马危害茄果

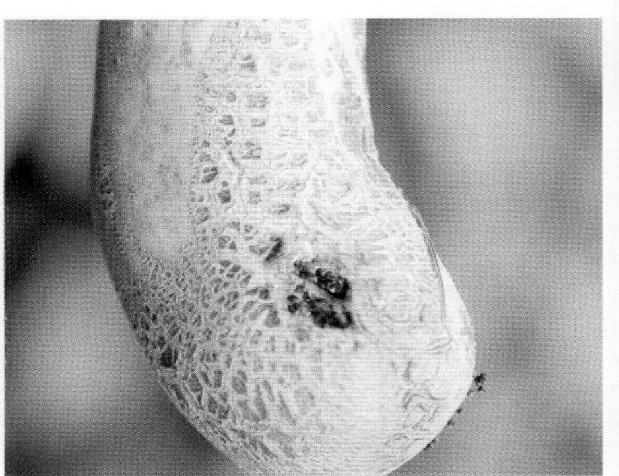

棕榈蓟马严重危害茄果

美洲斑潜蝇

美洲斑潜蝇属双翅目潜叶蝇科斑潜蝇属，又名蔬菜斑潜蝇、美洲甜瓜斑潜蝇、苜蓿斑潜蝇、甘蓝斑潜蝇、蛇形斑潜蝇、画图虫等，危害番茄、茄子、豇豆、蚕豆、菜豆、大豆、芹菜、黄瓜、甜瓜、西瓜、冬瓜、丝瓜、西葫芦、大白菜、烟草等22科110多种植物。

形态特征：成虫体型小，浅灰黑色，额、颊、颜和触角为金亮黄色，眼后缘黑色，中胸背板亮黄色，腹侧片有1个三角形大黑斑。体腹面黄色，雌虫体比雄虫大。足基节和腿节鲜黄色，胫节和跗节色深；前足棕黄色，后足棕黑色。卵米色，半透明，椭圆似梨形，常产于叶表皮下。幼虫蛆状，初无色，后变为浅橙黄色至橙黄色。蛹椭圆形，橙黄色，腹面稍扁平，分节明显。

美洲斑潜蝇成虫

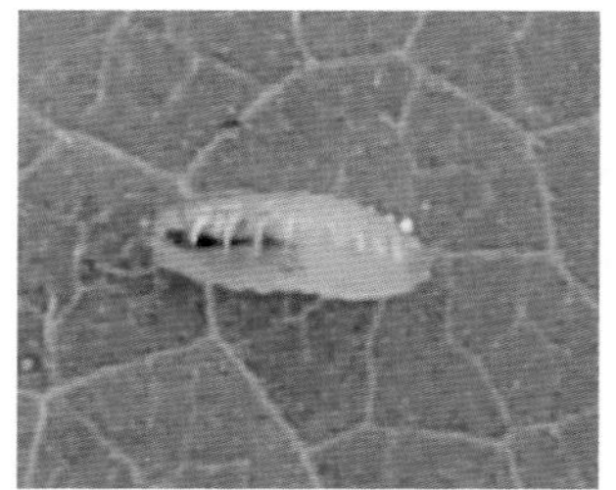

美洲斑潜蝇幼虫

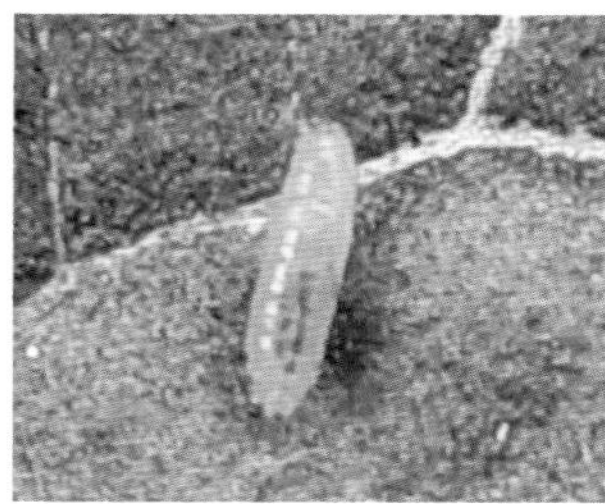

美洲斑潜蝇高龄幼虫

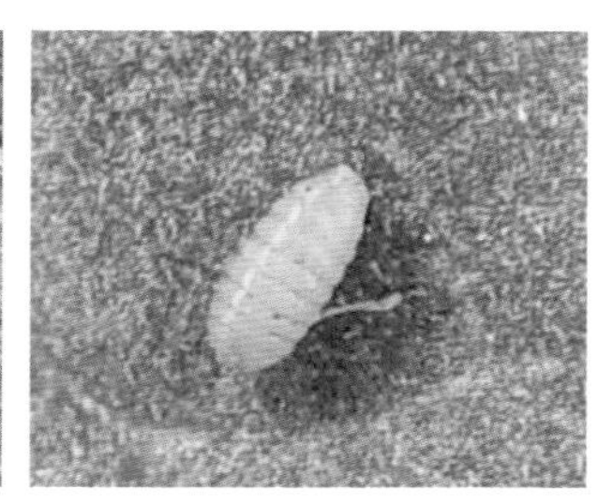

美洲斑潜蝇蛹

危害状：成虫、幼虫均可危害植物叶片。雌成虫以产卵器刺伤植物叶片，进行取食和产卵。幼虫潜入叶片和叶柄，形成先细后宽的蛇形弯曲或蛇形盘绕虫道，其内有交替排列整齐的黑色虫粪，老虫道后期呈棕色的干斑块区，一般1虫1道。叶绿素被破坏，影响光合作用。美洲斑潜蝇发生初期虫道呈不规则线状伸展，虫道终端常明显变宽以区别番茄斑潜蝇。

美洲斑潜蝇危害番茄

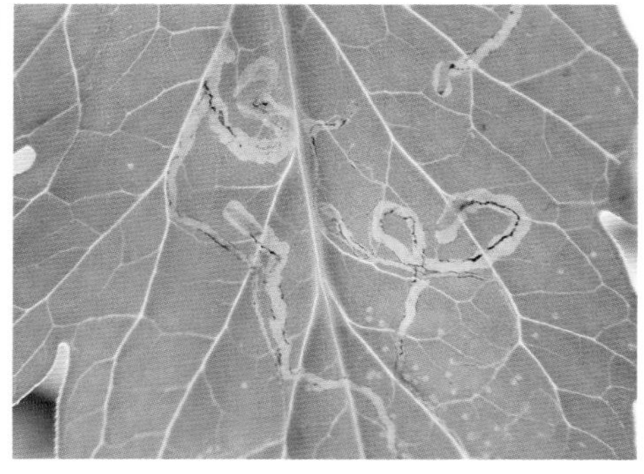

美洲斑潜蝇危害番茄叶片

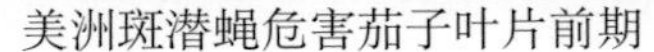

美洲斑潜蝇危害茄子叶片前期

美洲斑潜蝇危害茄子叶片后期

生活习性：辽宁1年发生7～8代，北京8～9代，上海9～11代，广东14～17代，在海南、福州等南方各地周年发生，无越冬现象，世代重叠明显。在北方各地以蛹在土壤中越冬，翌年春季羽化。成虫具有较强的趋光性、趋黄性，有一定飞翔能力，在田间仅能进行短距离扩散。高温、干旱对其发生有利。白天活动，夜间伏于叶的背面取食、交尾、产卵，末龄幼虫咬破叶表皮在叶外或土表下化蛹，世代短，繁殖能力强。露地蔬菜7—10月为发生盛期，上海的盛发期在5—6月和8月下旬至10月。

防治方法：①培育无虫苗。②实行不同品种合理搭配，把美洲斑潜蝇嗜好的瓜类、茄果类、豆类蔬菜等与其不危害的作物进行套种或轮作。③把被美洲斑潜蝇危害的作物残体集中深埋、沤肥或销毁。④物理防治。秋、冬灌水灭蛹。种植前深翻土壤，夏季棚室换茬时，进行高温闷棚处理，即在夏季高温换茬时将棚室密闭7～10天，使在晴天温度达60～70℃，杀死大量病虫源。⑤保护地和育苗设施加设40目的防虫网，兼治烟粉虱应覆盖60目防虫网，防止成虫迁入。⑥在棚室内设置黄板或美洲斑潜蝇诱杀卡，在成虫始盛期至盛末期诱杀美洲潜叶蝇成虫。⑦药剂防治。主要用内吸剂和内渗剂防治，可在成虫高峰期或见产卵痕、取食孔时，即开始喷药，掌握在幼虫二龄前（虫道很小时），始见幼虫潜蛀时用药，于上午8—11时露水干后幼虫开始到叶面活动或者老熟幼虫多从虫道中钻出时开始喷洒。药剂可选用75%灭蝇胺可湿性粉剂5 000～7 000倍液，或6%乙基多杀菌素悬浮剂2 000倍液，或10%溴氰虫酰胺可分散油悬浮剂2 000～3 000倍液，或1.8%阿维菌素2 500～3 000倍液，或20%阿维·杀虫单微乳剂1 000倍液，或2%甲氨基阿维菌素苯甲酸盐乳油4 000倍液。隔6 ～ 7天防治1次，连续3 ～ 4次。施药时间最好在清晨或傍晚，喷药要周到细致。提倡轮换交替用药，以防止产生抗药性。

番茄斑潜蝇

番茄斑潜蝇属双翅目潜蝇科，别名瓜斑潜蝇，可危害茄科、葫芦科、十字花科等蔬菜。嗜食番茄、莴苣及瓜类和豆类蔬菜，是杂食性害虫。

形态特征：成虫头与胸部两侧、小盾片、腹部为黄色，复眼、单眼三角区、后头及胸为黑色，成虫内、外顶鬃均着生在黄色区。卵米色，稍透明。幼虫蛆状，初孵无色，渐变黄橙色。蛹卵形，腹面稍平，橙黄色。

危害状：幼虫孵化后潜食叶肉，食痕曲折蜿蜒，苗期2 ～ 7叶受害多，严重的潜痕密布，致叶片发黄、枯焦或脱落。虫道的终端不明显变宽，可与美洲斑潜蝇、南美斑潜蝇区别。

番茄斑潜蝇危害黄瓜叶片

番茄斑潜蝇危害南瓜叶片

生活习性：在江苏扬州地区1年发生12代，大多以蛹越冬，并有2个危害高峰，一般发生在5月下旬和10月中下旬，即在温度稍低的春末夏初和秋季出现。在北京于3月中旬开始出现，也有3个高峰，即5月中旬、6月下旬和9月中下旬。成虫有趋黄性，晴朗的白天行动活泼，夜间静止。卵多单粒，产于基部叶片，偏喜在成熟的叶片上由下向上产卵。幼虫老熟后咬破表皮在叶片上、下表皮或土表化蛹。

防治方法：参考美洲斑潜蝇。

朱砂叶螨

朱砂叶螨属蛛形纲蜱螨目叶螨科，又名红蜘蛛。主要危害茄子、辣椒、马铃薯及瓜类、豆类、葱蒜类等蔬菜。

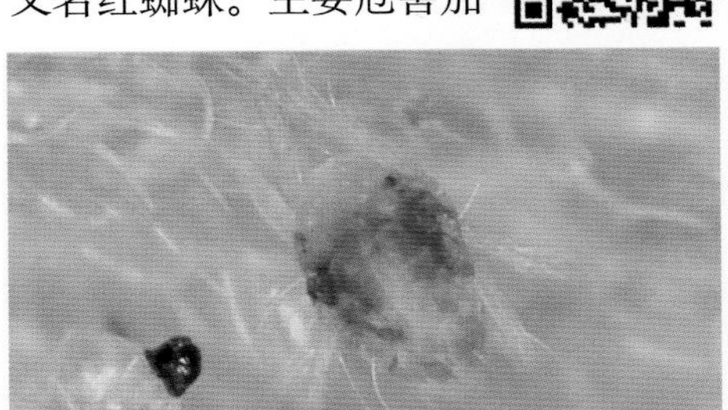

朱砂叶螨成螨

形态特征：雌成虫体红色至紫红色，在身体两侧各具一倒“山”字形黑斑，体末端圆，呈卵圆形。雄成虫体色常为绿色或橙黄色，较雌螨略小，体后部尖削。卵圆形，初产乳白色，后期呈乳黄色，产于丝网上。幼螨体近圆形，透明，眼

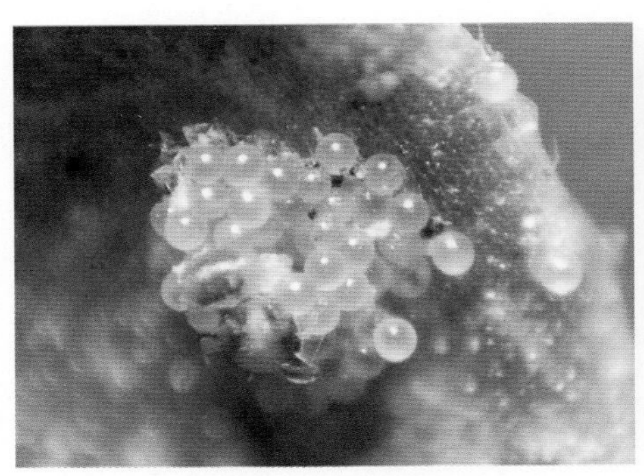

朱砂叶螨卵块

朱砂叶螨卵

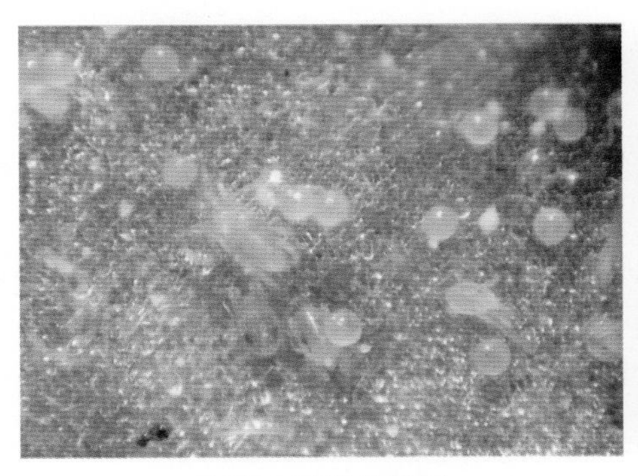

朱砂叶螨卵及幼螨

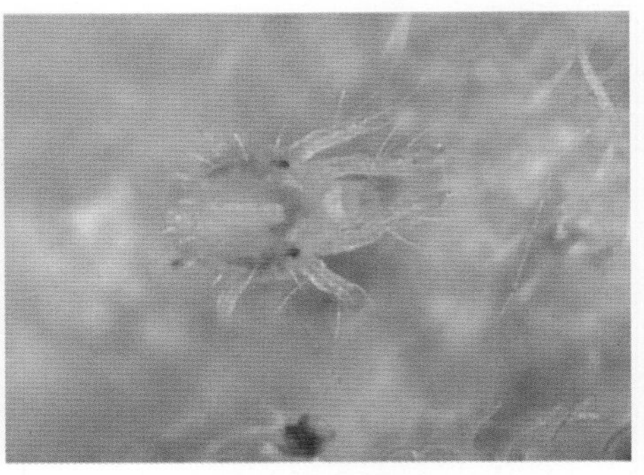

朱砂叶螨幼螨

红色，足3对。若螨体色变深，体侧出现显著的块状色素，具足4对。

危害状：以成螨、若螨在叶背吸取汁液，并吐丝结网。初期沿叶脉出现黄白色似针尖状斑点，茄子、辣椒叶片受害后，叶面初现黄白色小斑点，迅速发展呈灰白色或黄白色大斑，使光合作用受到抑制或破坏，蒸腾作用增强，植株严重失水，使叶片褪绿变黄色、灰白色、红色，严重时叶片干枯脱落。茄果受害时，果皮变粗糙，变灰白色。

朱砂叶螨危害番茄叶片前期

朱砂叶螨危害番茄叶片后期

朱砂叶螨严重危害番茄

朱砂叶螨群集危害番茄叶片

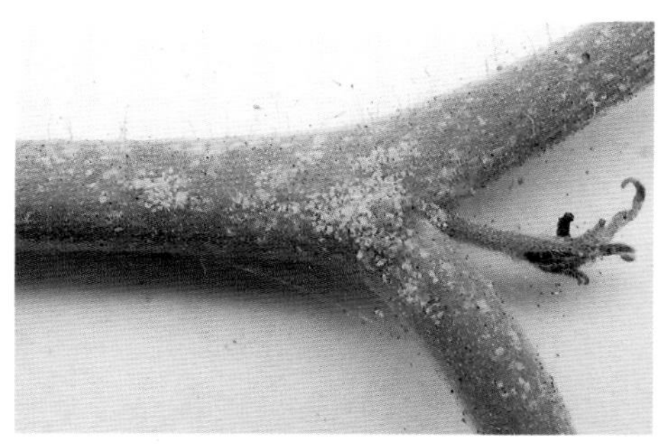

朱砂叶螨群集危害番茄茎部

朱砂叶螨危害番茄叶片致呈灰白色

朱砂叶螨危害番茄果实

朱砂叶螨危害茄子叶片正面

朱砂叶螨危害茄子叶片背面

生活习性：北方1年发生12 ～ 15代，长江流域15 ～ 18代，以授精的雌成螨在土块下、土缝、树皮、杂草根部、落叶中越冬。翌年3月下旬成虫出蛰。成、若螨靠爬行或吐丝下垂近距离扩散，借风和农事操作远距离传播。雌成螨能孤雌生殖。6月后，数量逐渐增加，7月是全年发生的猖獗期。叶螨性喜干旱，最适温度为25 ～ 30℃，最适空气相对湿度为35% ～ 55%；当日平均气温在25℃以上，空气相对湿度在70%以下时繁殖最快，虫口数量急剧上升。夏天雷雨、暴雨多，虫口密度低，相对危害轻；持续高温、干旱危害重。

防治方法：①及时铲除田间、地头杂草，减少虫源；蔬菜收获后清除枯枝落叶，并集中销毁。②与十字花科、菊科蔬菜轮作。③合理灌溉和施肥，增强抗虫能力。天气干旱时注意灌水，增加田间湿度。④药剂防治。当田间叶螨点片发生时进行挑治，有螨株率在5%以上时，应立即进行普治。药剂可选用10%浏阳霉素乳油1 000倍液，或0.5%藜芦碱可溶液剂400 ～ 600倍液，或1%阿维菌素乳油2 500 ～ 3 000倍液，或24%虫螨腈悬浮剂2 000倍液，或24%螺螨酯悬浮剂1 500 ～ 2 000倍液，或15%哒螨灵乳油1 500 ～ 2 000倍液，或5%噻螨酮乳油1500 ～ 2 500倍液，或73%炔螨特乳油1 500 ～ 3 000倍液，注意轮换用药，并对叶片的正反面进行均匀喷药。

茶黄螨

茶黄螨属蛛形纲蜱螨目跗线螨科，又名侧多食跗线螨、茶半跗线螨、茶嫩叶螨、阔体螨、白蜘蛛，是近年危害蔬菜较重的害螨之一，食性极杂，已知寄主达70余种。主要危害黄瓜、茄子、辣椒、马铃薯、番茄、芹菜、木耳菜、萝卜及瓜类、豆类等蔬菜。

形态特征：雌成螨体躯阔卵形，淡黄色至橙黄色，半透明，有光泽，足4对，沿背中线有1条白带，腹部末端平截。雄成螨体躯近六角形，淡黄色至黄绿色，足较长且粗壮。卵椭圆形，灰白色、半透明，卵面有6排纵向排列的泡状突起，底面平整光滑。幼螨近椭圆形，躯体分3节，足3对。若螨半透明，长椭圆形。

危害状：成螨、幼螨、若螨集中在植株幼芽、嫩叶、花、幼果等幼嫩部位刺吸汁液。尤其是尚未展开的芽、叶和花器。受害后，上部叶片增厚僵直、变小或变窄，背呈灰褐色或黄褐色，后期叶背呈灰白色，具油渍状光泽，叶缘向下卷曲。受害嫩茎、嫩枝表皮变黄，木质化，扭曲畸形，严

茶黄螨危害茄子叶片正面

茶黄螨危害茄子叶片背面

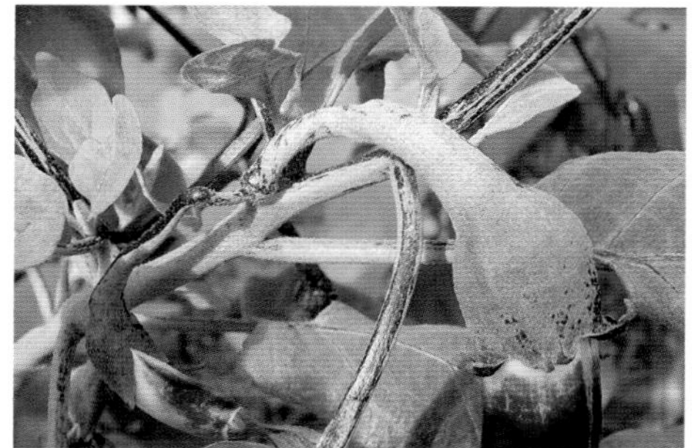

茶黄螨危害茄果

重时植株顶部干枯；幼茎变褐，丛生或秃尖。茎、果柄萼片及果皮变灰褐色或黄褐色，丧失光泽，木栓化。果实受害后，脐部初为淡黄色，逐渐变为深黄色，果皮龟裂，呈开花馒头状，裂深可达1厘米，种子露出。

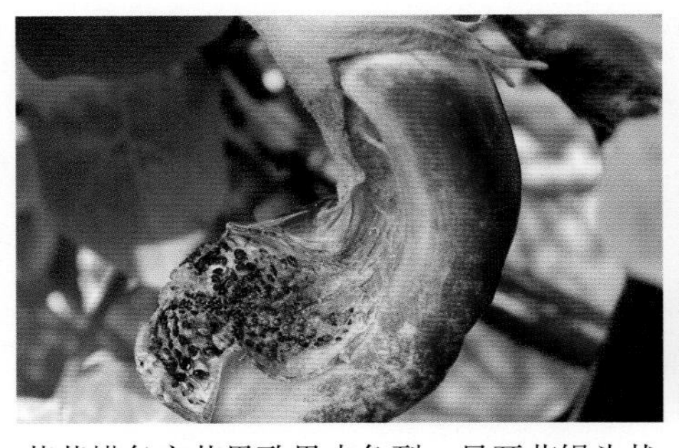

茶黄螨危害茄果致果皮龟裂，呈开花馒头状

茶黄螨危害茄子茎

生活习性：江苏、浙江露地1年发生20代以上，成螨通常在土缝、冬季蔬菜及杂草根部越冬。保护地栽培可周年发生，世代重叠。保护地多在3月上中旬初见，4—6月可见危害严重田块。露地4月中下旬初见，5月中旬前从越冬寄主迁入黄瓜、豇豆及茄科等作物上繁殖危害，卵多产在嫩叶背面、幼果凹陷处及嫩芽上。雌螨以两性生殖为主，也可营孤雌生殖。主要靠爬行、风力、农事操作等传播蔓延。茶黄螨是喜温性害虫，繁殖最适温度16 ~ 23℃，适宜空气相对湿度80% ~ 90%。成螨活泼，有很强的趋嫩性，当取食部位变老时，立即向新的幼嫩部位转移。浙江及长江中下游地区的盛发期为7—9月。主要在夏、秋露地发生。

防治方法：①轮作。最好间隔2 ~ 3年，有条件的可实行水旱轮作。②晚秋和早春清洁田园及地边杂草，以减少越冬虫源。③在温室、大棚栽培前茬茄科类作物收获后，及时清除残株落叶，集中销毁。④勤检查，及时防治，以防止其繁殖扩散。在发生危害始见期至若螨始盛期用药防治，或田间有虫株率10%，卷叶株率达2%时，以后每隔10 ~ 15天喷1次，连续防治3次，可控制危害。药剂可参考朱砂叶螨。

茶黄螨生活周期短，繁殖力极强，应特别注意早期防治，注意轮用与混用。由于茶黄螨主要集中于幼嫩叶的背面，所以喷施杀螨剂时要上喷下翻，翻过喷头向上喷叶背。重点喷布植株上部嫩叶背面及嫩茎、花器和幼果，喷药要均匀周到。

三、瓜类蔬菜病虫害

（一）瓜类蔬菜病害

黄瓜霜霉病

黄瓜霜霉病是黄瓜最重要的常发性病害，能在短时间内使大部分叶片干枯。该病除危害黄瓜外，还危害西瓜、冬瓜、丝瓜、葫芦、西葫芦、南瓜等。

症状：该病主要危害叶片，卷须、蔓和花梗也可受害。初在叶片背面形成水渍状浅绿色小斑点，以后病斑逐渐扩大，因受叶脉限制，呈黄褐色不规则多角形病斑，病斑由黄变褐，边缘黄绿色。随病害的持续发展，叶片病斑连成一片，全叶迅速呈黄褐色，病叶卷缩，易破碎，最后干枯死亡。在潮湿环境

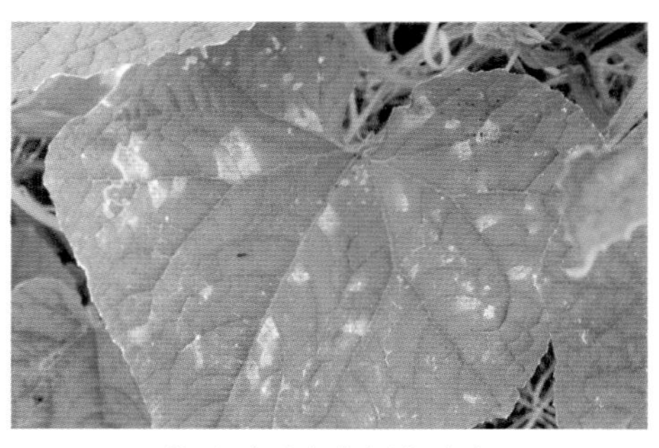

黄瓜霜霉病黄褐色病斑

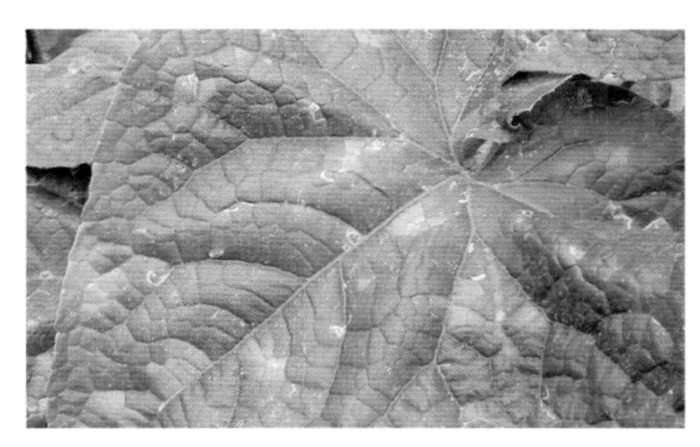

黄瓜霜霉病黄色多角形病斑

黄瓜霜霉病病斑相连

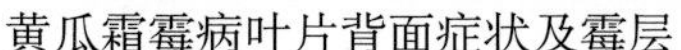

黄瓜霜霉病叶片背面症状及霉层

黄瓜霜霉病病叶上的枯斑

下，在病斑背面长有灰白色或灰黑色霉层。

发生规律：病原为古巴假霜霉菌，为专性寄生菌。病菌主要以卵孢子在土壤中的病残体内越冬，也可以菌丝体和孢子囊在温室受害株上越冬。在周年栽培黄瓜的地区，病菌无明显的越冬期。温度15 ～ 16℃开始发病，温度20 ～ 24℃、空气相对湿度83%以上和叶面结露，有利于病害流行。白天温暖、晚上凉爽，昼夜温差大，多雨潮湿或雾大露重的天气，预示着霜霉病的发生和蔓延。大雨或灌溉后，病菌侵入扩展很快，易造成病害发生和流行。露地种植密度大，株行间郁闭，温室和大棚通风不良，造成室内湿度过高，昼夜温差大，夜间容易结露，会加重病害的发生与危害。氮肥施用过多造成茎叶徒长，抗性降低，易发病。地势低洼积水、排水不良、土壤潮湿易发病，高温、高湿、多雨、日照不足、结露时间长易发病。一般黄瓜结瓜后病情发展快，盛瓜期达到高峰。

防治方法：①选用抗病品种。②和非本科作物轮作，有条件的地方实行水旱轮作。③加强栽培管理。选择地势高、土质肥沃的沙壤土；施足基肥，追施磷、钾肥；在生长前期适当控水，结瓜后严禁大水漫灌，并注意排除田间积水，避免在阴雨天气进行农事操作；及时整枝蔓打杈，保持株间通风良好。黄瓜生长中后期进行叶面追肥，可施用1%尿素或0.3%磷酸二氢钾溶液，每5 ～ 7天喷1次，连喷3 ～ 4次，提高植株抗病力。④高温闷棚。详见番茄部分。⑤棚室栽培要注意温湿度管理，采用放风排湿，控制灌水等措施降低棚内湿度，减少叶面结露。白天控温28 ～ 30℃，空气相对湿度60% ～ 75%；夜间15℃，空气相对湿度低于90%。棚室覆盖聚乙烯无滴膜或转光膜，采用高畦覆盖地膜栽培，膜下软管滴灌、渗灌等浇水技术。⑥及时防治害虫，减少植株伤口，从而减少病菌传播途径。⑦药剂防治。掌握黄瓜开花初期及采收盛期两个关键时期，露地黄瓜霜霉病一般在雨后开始发病，故定植前和雨后预防喷药1次。药剂可选用80%代森锰锌可湿性粉剂800倍液，或70%丙森锌可湿性粉剂500 ～ 700倍液，隔7 ～ 10天喷1次。发病初期及时喷药防治。药剂可选72%霜脲·锰锌可湿性粉剂1 000倍液，或72%霜霉威水剂600 ～ 800倍液，或56%唑醚·霜脲氰水分散粒剂2 000 ～ 2 500倍液，或25%吡唑醚菌酯水分散粒剂1 500 ～ 2 000倍液，或60%唑醚·代森联水分散粒剂1 000 ～ 1 500倍液，或50%烯酰吗啉可湿性粉剂1 500倍液，或20%氟吗啉可湿性粉剂1 000 ～ 1 500倍液，或25%双炔酰菌胺悬浮剂1 000 ～ 1 500倍液，或68.75%氟菌·霜霉威悬浮剂600 ～ 800倍液，或25%嘧菌酯悬浮剂1 500 ～ 2 000倍液，72%霜脲·嘧菌酯水分散粒剂3 000 ～ 3 500倍液，或10%氰霜唑悬浮剂1 500倍液。在连阴雨天，缩短喷药间隔期，前两次间隔2 ～ 3天，以后可加至5 ～ 7天，连喷3 ～ 4次，视病情确定用药次数。

保护地栽培黄瓜发病初期每亩可用45%百菌清烟剂200 ～ 250克，或15%百菌清·甲霜灵烟剂250克，或20%腐霉·百菌清烟剂250克，按包装分放4 ～ 6处，傍晚闭棚由棚室里面向外逐次点燃后，次日早晨打开棚室，进行正常田间作业。间隔6 ～ 7天熏1次，熏蒸次数视病情而定。也可在发病前每亩用5%百菌清粉尘剂1千克，发病初期用7%百菌清·甲霜灵粉尘剂1千克，于早上或傍晚进行喷粉，视病情隔7天喷1次。

黄瓜细菌性角斑病

黄瓜细菌性角斑病是黄瓜上的一种常发性病害，在田间常与黄瓜霜霉病混合发生，病斑比较接近，有时容易混淆。除危害黄瓜外，还危害西葫芦、苦瓜、丝瓜、南瓜、葫芦、西瓜、甜瓜等。

症状：苗期和成株期均可染病。主要危害叶片和果实，也能危害茎蔓、叶柄和卷须。叶片染病，先侵染下部老熟叶片，逐渐向上部叶片发展，发病初始产生水渍状小斑点，渐变淡褐色，扩大后受叶脉限制，病斑呈多角形，灰褐色、淡黄色至褐色，油渍状，边缘有黄色晕环。空气相对湿度高时，叶背病部产生乳白色水珠状菌脓。空气干燥时，留有膜状白痕，后期叶部病斑质脆，干枯后易破裂造成穿孔。发病严重时，病斑相互连接呈油纸状斑块，叶脉受害变黑色，生长停滞，引起叶片皱缩畸形，干枯卷曲脱落。果实染病，果皮初现水渍状、淡褐色、凹陷病斑，然后产生龟裂，病部产生大量黄白色混浊黏液。发病严重时可侵染果肉组织，使果肉变色，最后腐烂；并侵染种子，使种子带菌。幼果染病，常造成落果或畸形果。茎蔓、叶柄和

黄瓜细菌性角斑病发病初始产生小斑点

黄瓜细菌性角斑病叶背面

黄瓜细菌性角斑病病叶前期症状

黄瓜细菌性角斑病病叶背面水渍状斑点

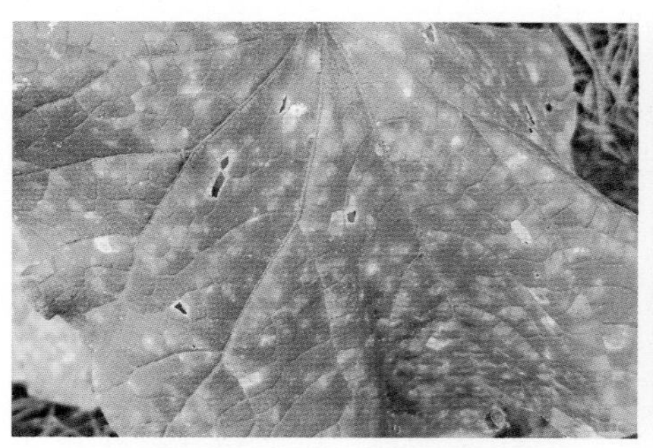

黄瓜细菌性角斑病严重危害病叶

黄瓜细菌性角斑病大田发病状

卷须染病，初为水渍状小斑，扩大后呈短条状，黄褐色，湿度高时产生乳白色混浊黏液，严重时病部出现裂口，空气干燥时病部留有白痕。

黄瓜细菌性角斑病是细菌性病害，常与黄瓜霜霉病同期、同叶混合发生，病症相似，极易混淆，在药剂防治上两种病害又有一定的区别，应注意正确诊断。

黄瓜细菌性角斑病与黄瓜霜霉病的区别

	黄瓜细菌性角斑病	黄瓜霜霉病
病斑形状与大小	多角形，病斑较小	多角形，病斑较大，扩散蔓延快，后期病斑会连成一片
病斑颜色和穿孔	病斑颜色较浅，呈灰白色，后期易开裂形成穿孔	病斑颜色较深，呈黄褐色，不穿孔
叶背面病斑特征	保湿法培养病菌，病斑为水渍状，产生乳白色菌脓。后期病斑穿孔	病斑长出灰白色霉层
病叶对光的透视度	有透光感觉	无透光感觉
发病部位	在叶片和果实上均发病	主要侵害叶片

发生规律：该病由丁香假单胞菌黄瓜致病变种侵染引起。病菌在带病种子或随病株残体遗留在田间土壤中越冬，成为翌年初次侵染菌源。种子上的病菌在种皮和种子内部可存活1～2年，土壤中病残体上可存活3～4个月，可随种子调运进行远距离传播。借雨水或保护地棚顶滴水、灌溉、昆虫传播，进行多次再侵染。病菌喜温暖潮湿的环境，发病适温在18～28℃，空气相对湿度80%以上，昼夜温差大、降雨多、湿度大或结露重且持续时间长的露地和棚室黄瓜发病重。地势低洼、排水不良、土壤水分高、多年重茬、氮肥多的田块会加重病情。早春多雨或梅雨期间多雨的年份发病重，秋季温度偏高、多雨、多雾的年份发病重。黄瓜最易感病生育期是开花坐果期至采收盛期，长江流域发病盛期在4—6月和9—11月。

防治方法：①提倡与非葫芦科作物实行隔年轮作。②选用较抗病品种，在播前要做好种子处理，可用50℃温汤浸种20分钟后，捞出晾干后催芽播种。③加强肥水管理，适时通风换气，肥水管理采取轻浇勤浇，浇水施肥应在晴天的上午，棚室注意通风降湿。④在病害盛发期及时摘除病老叶，增加田间通风透光，收获后清洁田园，清除病残体，并带出田外深埋或销毁，深翻土壤，加速病残体的腐烂分解。⑤抓好清理沟系，防止雨后积水，降低地下水位和棚内湿度。⑥在发病初期开始喷药，用药间隔期7 ～ 10天，连续喷药3 ～ 4次。重病田视病情发展，必要时还要增加喷药次数。药剂可选用20%噻菌铜悬浮剂600 ～ 800倍液，或47%春雷·王铜可湿性粉剂600 ～ 700倍液，或78%波尔·锰锌可湿性粉剂500倍液，或53.8%氢氧化铜可湿性粉剂1 000倍液，或2%春雷霉素水剂300 ～ 400倍液等。

黄瓜白粉病

黄瓜白粉病是黄瓜栽培中的常见病害之一。除危害黄瓜外，还危害西葫芦、南瓜、苦瓜、冬瓜、甜瓜、西瓜等。

症状：本病在黄瓜各生育期均可发生，通常在植株生长的中、后期发生，主要侵染叶片，从植株下部向上部发展，也可危害茎部及叶柄，一般不危害果实。发病初期，叶片正面或背面产生白色近圆形的小粉斑，逐渐扩大呈边缘不明显的大片白粉区，严重时整个叶片正面布满一层白粉，抹去白粉，可见叶面褪绿，后期变为灰白色，叶片枯黄、变脆、卷缩，一般不脱落。叶柄和嫩茎上的症状与叶片上的相似，只是病斑较小，粉状物也少。一般情况下下部叶片比上部叶片病斑多，叶片背面比正面多。秋季病斑出现散生或成堆的黑褐色点状物。

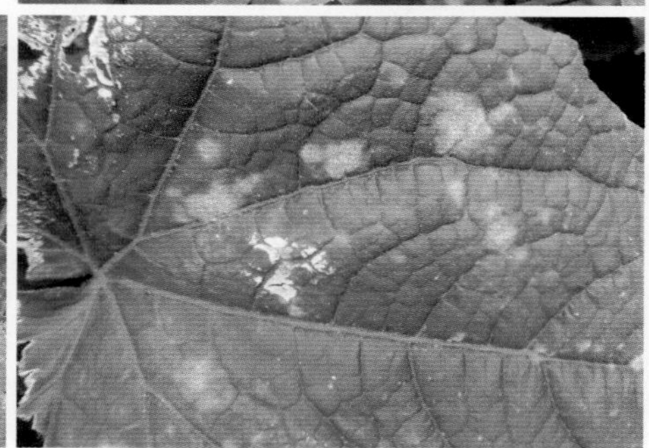

黄瓜白粉病症状

发生规律：病原为单丝壳白粉菌和二孢白粉菌。北方地区病菌以闭囊壳随病残体在地上或保护地瓜类作物上越冬，南方地区以菌丝体或分生孢子在寄主上越冬越夏，在广东地区几乎可以周年繁殖侵染。白粉菌为专性寄生菌，只能在活寄主上生活。病菌喜温湿、耐干燥，最适温度为20 ~ 25℃，在空气相对湿度25%的条件下，分生孢子也能萌发。田间湿度大、温度适宜时，白粉病容易发生流行。种植密度大、通风透光不好发病重；氮肥施用过多、徒长，抗性降低易发病。保护地温度适宜、湿度较大、空气不流通发病严重。雨后干燥或少雨而田间湿度大时，白粉病流行加快，尤其高温干旱与高温高湿交替出现时病情更加严重。在浙江黄瓜白粉病主要是4月上中旬和6月下旬危害保护地黄瓜，长江流域9月下旬至11月上中旬也发生危害。

防治方法：①轮作。与禾本科作物实行3 ~ 5轮作。②选用抗病品种。③注意田园清洁，及时摘除病叶；收获后，彻底清除病株残体，集中销毁或深埋。④加强田间管理。合理密植，及时整枝理蔓，摘除基部过密与衰老的叶片，做到通风透光、排水良好，不偏施氮肥，增施磷、钾肥，生长期避免施氮肥过多，促进植株健壮生长，提高抗病力。⑤药剂防治。当植株下部零星叶片出现褪绿的黄色斑点时，或发病前喷药保护，药剂可选2%宁南霉素水剂200倍液，或2%多抗霉素水剂200倍液，或75%百菌清可湿性粉剂600 ~ 800倍液。发病初期及时喷洒20%三唑酮乳油1 500 ~ 2 000倍液，或25%乙嘧酚悬浮剂800 ~ 1 000倍液，或40%氟硅唑乳油6 000 ~ 8 000倍液，或10%苯醚甲环唑水分散粒剂1 500 ~ 2 000倍液，或25%嘧菌酯悬浮剂1 500倍液，或20%氟酰羟·苯甲唑悬浮剂1 000 ~ 1 500倍液，或25%吡唑醚菌酯悬浮剂1 500 ~ 2 000倍液，或30%醚菌·啶酰菌悬浮剂1 000 ~ 1 500倍液，或60%苯甲·嘧菌酯悬浮剂2 000 ~ 2 500倍液，或43%氟菌·肟菌酯悬浮剂5 000 ~ 6 000倍液，或30%氟菌唑可湿性粉剂3 000倍液，或4%四氟醚唑水乳剂1 200倍液，或80%腈菌唑·锰锌可湿性粉剂800倍液等药剂。每7天1次，连喷2 ~ 3次。注意农药交替使用。喷雾药液量要足，保证叶片正面、背面和茎均匀附着药液。保护地每亩可用 45%百菌清烟剂250克熏烟，或5%百菌清粉尘剂1千克喷粉。

黄瓜菌核病

黄瓜菌核病是一种重要的土传病害，除危害黄瓜外，还可危害番茄、辣椒、茄子、蚕豆、豌豆、马铃薯、胡萝卜、菠菜、芹菜及多种十字花科蔬菜。保护地和露地黄瓜均可发生，但以保护地黄瓜受害重。

症状：苗期至成株期均可发生，危害茎基部和果实，也能危害茎蔓和叶。幼苗期发病，在近地面幼茎基部出现水渍状病斑，很快病斑绕茎一周，造成环腐，幼苗猝倒。湿度高时病部长出一层白色棉絮状菌丝体，受害后病部表面或茎髓部受破坏，形成白色菌丝体和黑色菌核。茎染病，发病部位主要在茎基部和茎分杈处，发病初始产生水渍状淡绿色小斑，扩大后呈淡褐色、软腐，皮层纵裂，但木质部不腐败，病部以上叶、茎蔓凋谢枯死。果实染病，多从顶端残花部开始发病，初在幼果脐部，呈水渍状，继而向瓜果部扩展，后期瓜果湿腐或腐烂，果表长出白色棉絮状菌丝及形成黑色粒状菌核。菌核鼠粪状，圆形或不规则形，早期白色，以后外部变为黑色，内部白色。叶片染病，初呈水渍状斑，扩大后呈灰褐色近圆形水渍状软腐，边缘不明显，并产生白色棉絮状菌丝，后期产生黑色鼠粪状菌核。

黄瓜菌核病造成病瓜湿腐

黄瓜菌核病造成病瓜腐烂

黄瓜菌核病病瓜上的棉絮状菌丝和初期菌核

发生规律：此病为核盘菌侵染所致，以菌核在土壤中、病株残体内或混杂在种子中越冬或越夏。最适感病生育期为开花结果期至采收中后期。病菌喜好低温潮湿环境，最适发病温度为18 ～ 22℃，空气相对湿度为90%

以上及黄瓜体表有水膜存在。长江中下游地区黄瓜菌核病的主要发病盛期，春季在3—5月，秋季在9—12月；北方春季2—4月，秋季10—12月。其他参考番茄菌核病。

防治方法：参考茄果类蔬菜病害番茄菌核病。

黄瓜灰霉病

黄瓜灰霉病在各地保护地或露地栽培均可发生，但以保护地黄瓜受害重，常造成大量烂瓜。此病除危害瓜类外，还危害番茄、茄子、菜豆、辣椒、韭菜、洋葱和莴苣等作物。主要危害幼瓜，还可以危害花、叶片、茎，苗期至成株期均可染病。

症状：幼苗期染病，初为茎、叶上产生水渍状褪绿斑，随着病斑扩大，长出灰色霉层，造成幼苗枯死。叶片染病，初为水渍状、灰白色病斑，后渐变为灰褐色近圆形或不规则大病斑，病、健部分界明显，发病迅速时病斑处的叶肉组织变薄，病斑上有明显轮纹，潮湿时病部湿腐状，表面长出灰白色或灰色霉层，干燥时病部易破裂穿孔，叶片枯焦。花染病，病菌一般先从残留的雌花花瓣开始发病，使花瓣和蒂部呈水渍状，很快变软、萎缩、腐烂，并长出灰色或灰褐色霉层，花瓣枯萎脱落后逐渐向幼果扩展。幼果染病，一般先从蒂部开始，初为水渍状，然后软化，使幼果不能生长，表面密生灰褐色霉层，部分或全部腐烂或脱落。烂花烂果落到茎叶上，导致茎叶发病。茎部发病，多集中在节部，病部表面灰白色，密生灰霉，病斑环绕节部一圈，其上部叶片和茎呈萎蔫状枯死，严重时茎基部茎节腐烂致蔓折断，植株枯死。

黄瓜灰霉病苗期发病状

黄瓜灰霉病与疫病混发

发生规律：此病由灰葡萄孢侵染所致，病菌以菌丝、分生孢子及菌核附着于植株病残体上或遗留在土壤中越冬，靠风雨及农事操作传播，病苗、病花也是重要传播途径。黄瓜不耐低温，13 ～ 16℃时生长缓慢。高湿（空气相对湿度94%以上）、较低温度（18 ～ 23℃）、光照不足、植株长势弱时容易发病；气温超过30℃，空气相对湿度不足90%时，病害停止蔓延。冬春季阴雨天多、栽植过密、植株表面结露、浇水不当、放风不及时等，病害可迅速流行。因此，此病多在冬季低温寡照的温室内发生。病菌喜温暖潮湿的环境，最适感病生育期为开花结果期。长江中下游地区瓜类灰霉病的主要发病盛期，春季在3—6月，秋季在10—12月。

防治方法：参考茄果类蔬菜病害番茄灰霉病。

黄瓜疫病

黄瓜疫病是一种土传病害，可危害黄瓜、甜瓜、南瓜、冬瓜、节瓜、西葫芦等，是黄瓜生产中的重要病害之一。北方夏、秋黄瓜，南方春黄瓜发病较重，棚室黄瓜发病早、危害重。

症状：成株及幼苗均可染病，能侵染叶片、茎蔓、果实等。幼苗染病多始于嫩尖，发病初期叶片上出现暗绿色病斑，幼苗呈水渍状萎蔫，病部缢缩，病部以上干枯呈秃尖状。子叶发病时，叶片上形成褪绿斑，不规则状，湿度大时很快腐烂。成株多在茎基部或嫩茎节部发病，在茎基部或一侧出现暗绿色水渍状斑，后变软，病部缢缩，使输导功能丧失，导致地上部迅速萎蔫、枯死但仍为绿色，呈青枯状；同株上往往有几处节部受害，剖开发病的茎基部或病茎，维管束不变色有别于枯萎病。叶片染病多从叶

黄瓜疫病苗期发病状

黄瓜疫病叶片受害状

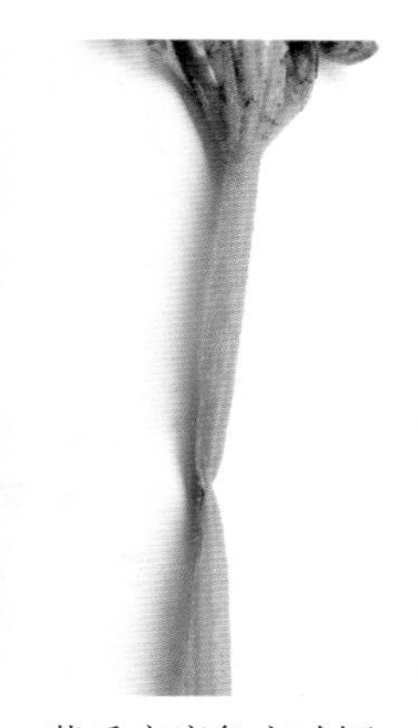

黄瓜疫病危害茎造成茎蔓缢缩　　黄瓜疫病危害叶柄　　黄瓜疫病造成根基部缢缩

缘或叶尖开始，产生圆形或不规则形水渍状大病斑，边缘不明显，有隐约轮纹，潮湿时扩展很快，使全叶腐烂，病斑扩展到叶柄时叶片下垂。干燥时病斑边缘褐色，中部青白色，干枯易破裂。湿度大时病部有白色菌丝产生。瓜条染病，形成水渍状暗绿色圆形斑，略凹陷，很快扩展为近圆形或不定形大斑，湿度大时病部产生灰白色稀疏霉层，瓜软腐，有腥臭味。

发生规律：该病由甜瓜疫霉侵染所致，主要以菌丝体、卵孢子及厚垣孢子随病残体在土壤或粪肥中越冬，卵孢子在土壤中能存活5年以上，厚垣孢子可存活数月。发病适温为28 ～ 30℃，空气相对湿度高于85%有利于病害流行。温暖多湿的条件有利于发病。遇连续阴雨天气，保护地浇水多、湿度过高及棚膜漏雨处常发病重。地势低洼、排水不良、畦面高低不平、连作重茬、土壤黏重的田块，以及雨前灌水或大水漫灌，施氮肥过多或施用未充分腐熟的粪肥，均可加重病害的发生。

防治方法：①与非瓜类作物实行4 ～ 5年以上轮作。②清除菌源。③嫁接育苗。④采用深沟高畦栽培，避雨栽培，覆盖地膜。合理施肥，改善透光强度，及时开沟排水，降低田间湿度。避免大水漫灌、串灌。露地栽培时，雨季要及时排出田间积水，发现中心病株后及时拔除。设施栽培应采用膜下渗浇小水或滴灌，节水保温，以利降低棚室湿度。⑤夏季高温时利用太阳能进行土壤消毒灭菌。⑥种子和土壤消毒。可用25%甲霜灵可湿性粉剂800倍液浸种30分钟，而后催芽、播种。或用72.2%霜霉威水剂800倍液加新高脂膜800倍液浸种半小时后催芽。苗床或棚室土壤消毒，每平方米用25%甲霜灵可湿性粉剂8克与土拌匀撒在苗床上，保护地栽培时于定植前用25%甲霜灵可湿性粉剂750倍液喷淋地面。⑦药剂防治。抓住幼苗定植前、3～4片真叶至始瓜期发病初期用药。露地黄瓜疫病的关键是从雨季到来前1周开始，喷1次保护性杀菌剂，药剂可选70%丙森锌可湿性粉剂400～600倍液，或80%代森锰锌可湿性粉剂600倍液，或72%霜脲·锰锌可湿性粉剂700倍液，或70%代森联水分散粒剂700倍液。发病初期药剂可用72.2%霜霉威水剂800倍液，或50%烯酰吗啉可湿性粉剂2 500倍液，或60%吡唑·代森联可湿性粉剂1 200倍液，或68.75%氟菌·霜霉威可湿性粉剂600倍，或25%双炔酰菌胺2 500倍液，或25%嘧菌脂悬浮剂1 500倍液，隔7～10天1次，视病情确定用药次数。必要时还可用上述杀菌剂灌根，每株灌兑好的药液0.25～0.4升，如能喷雾与灌根防治同时进行，防效明显提高。

黄瓜枯萎病

黄瓜枯萎病又称蔓割病、萎蔫病，俗称死秧。以保护地栽培发生重。

症状：整个生育期均可受害。苗期发病，子叶先变黄，幼苗顶端呈失水状，不久萎垂。茎基部缢缩、变褐，或呈立枯状。成株期一般在开花结果后表现症状，多从距地面或茎基部较近叶片开始，发病初期病株叶片自下而上逐渐萎蔫，似缺水状，植株白天萎蔫，早晚尚能恢复，以中午明显，后萎蔫逐渐遍及全株，早晚不能恢复，4～5天后整株叶片枯萎下垂，全株枯死。病株茎基部软化缢缩，初呈水渍状，后逐渐干枯，病部易纵裂，常流出琥珀色胶状物。根部变褐腐烂，湿度大时病部产生白色或粉红色的霉状物，容易拔起，纵剖茎部可见维管束变褐。

黄瓜枯萎病大田受害状

发生规律：枯萎病是一种典型的土壤传播危害整株的病害，由尖镰孢黄瓜专化型侵染所致。病菌主要以菌丝、厚垣孢子随寄主病残体在土壤和未腐

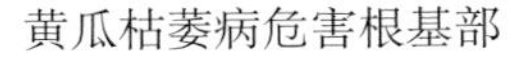
黄瓜枯萎病危害根基部

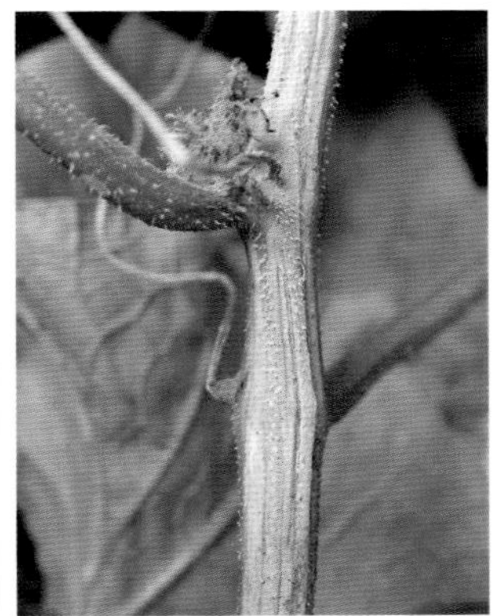
黄瓜枯萎病危害茎

受害茎产生褐色流胶

黄瓜枯萎病危害茎基部

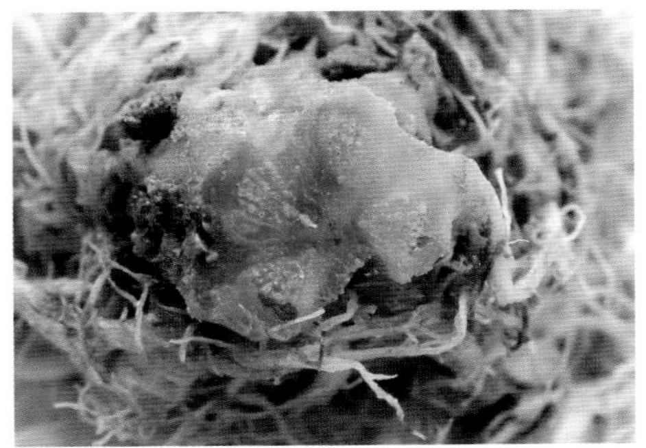
受害茎基部维管束变褐

熟的带菌肥料中越冬。病菌腐生性极强，在土壤中能存活5～6年，也可以随着未腐熟的粪肥和种子传播。病菌发育最适温度为24～32℃，连作年限越长病害越重，老菜区比新菜区发病更重；土质黏重、偏酸、地势低洼、排水不良，有地下害虫、线虫危害，以及土壤中积存的枯萎病菌多的田块发病重；氮肥施用过多，磷、钾不足的田块，连阴雨后或大雨过后骤然放晴，气温迅速升高，或时晴时雨、高温闷热天气易发生。

防治方法：①实行轮作。与白菜类、葱蒜类蔬菜实行3～4年轮作，不与豇豆等连作。发病严重的大棚、温室要采取5年以上与非瓜类作物轮作，最好选择小麦、玉米和葱蒜类作物。②选种抗（耐）病品种。③嫁接防病。④种子消毒，播前可按种子重0.3%～0.4%用量的50%多菌灵可湿性粉剂拌种，或用2.5%咯菌腈悬浮种衣剂拌种，用药量10毫升加水150 ~ 200毫升，混匀后拌种3 ~ 4千克，包衣后播种。⑤苗床消毒。每亩用50%多菌灵2千克，或50%苯菌灵可湿性粉剂1千克，加细土50 ~ 100千克，拌匀后，均匀施在播种沟内，再盖上一层薄细土，然后播上种子。⑥在夏季高温季节，利用太阳能进行土壤消毒。⑦加强田间管理。采用高畦覆盖地膜栽培，施足腐熟的基肥，及时追施磷、钾肥，避免偏施氮肥；及时清除病叶、病荚，带出田外销毁或深埋。结瓜期适当勤浇水，保持土壤水分均衡，防止植株早衰和茎基部裂伤。高温季节不要在中午浇水，避免大水漫灌，露地黄瓜雨后要及时排水，防止田间积水。棚室栽培要适时通风降湿，雨季降大雨前及时覆盖大棚顶膜避雨防病。⑧做好根结线虫和地下害虫防治工作，减少植株根部伤口。⑨药剂防治。发病时要控水，及时清除病株，彻底销毁或深埋，并用石灰等进行土壤消毒。发病初期或发病前进行药剂灌根。定植后结瓜前可选用6%春雷霉素可湿性粉剂150 ~ 300倍液，或3%甲霜·噁霉灵水剂500 ~ 600倍液，或30%噁霉灵可湿性粉剂500 ~ 1 000倍液，或32%多唑酮·乙蒜素乳油300 ~ 500倍液，在植株周围灌根，每穴300 ~ 500毫升；发病初期可用10%苯醚甲环唑水分散粒剂1 500 ~ 2 500倍液，或2.5%咯菌腈悬浮剂1 000倍液，或3%甲霜·噁霉灵水剂800倍液，或30%噁霉灵水剂1 000倍液，在植株周围灌根，每穴300 ~ 500毫升，也可喷茎，还可用药涂茎。每隔5 ~ 7天1次，连续2 ~ 3次。一定要早防、早治，否则效果不明显。

黄瓜病毒病

黄瓜病毒病可危害黄瓜、南瓜、丝瓜、甜瓜、西葫芦、哈密瓜等。

症状：黄瓜苗期受害，子叶变黄枯萎；幼叶呈现浓淡绿相间的花叶或斑驳，植株矮小。

成株受害后，全株矮缩，叶面及果实上形成浓绿色与淡绿色相间的斑驳，瓜小或呈螺旋状扭曲，瓜面呈现深浅绿色相间的花斑、斑驳或凹凸不平，或疣状突起，风味差，味苦。叶片皱缩变小，变色，出现花叶、斑驳、黄化、畸形，严重时叶反卷，变硬发脆，植株下部叶片渐黄枯死。新生蔓细长、扭曲，节间短，花器发育不良，坐果困难。重病株茎蔓节间缩短，簇生小叶，不结瓜，常萎缩死亡。

黄瓜病毒病病叶

黄瓜病毒病斑驳病叶

黄瓜病毒病病叶变小、黄化

黄瓜病毒病病叶后期枯斑

黄瓜病毒病严重危害叶片

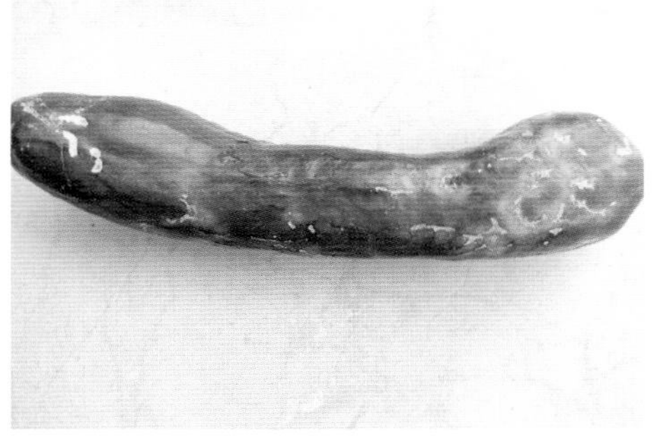

黄瓜病毒病病瓜

发生规律：主要由黄瓜花叶病毒（CMV）、甜瓜花叶病毒（CMV）和烟草环斑病毒（TMV）侵染引起。除甜瓜、西葫芦种子可以带毒外，一般种子不带毒。主要由蚜虫、叶蝉、粉虱传染，整枝、理蔓也会传染。有翅蚜虫发生的高峰期同瓜类苗期相吻合的时期越长，发病越重。高温、日照强、干旱均有利于病害的发生。一般高温、干旱年份有利于瓜蚜繁殖和有翅蚜迁飞、传毒以及病毒的增殖，发病重；蚜虫防治不及时发病重；杂草多，距离十字花科、茄科蔬菜及菠菜等菜地近的田块发病重。

防治方法：参考茄果类蔬菜病害番茄病毒病。

黄瓜猝倒病

症状：苗期近地面部分胚茎基部或中部出现水渍状斑，后期逐渐变黄褐色，绕茎一周缢缩呈线状并折倒，发病中心明显。往往子叶尚未凋萎，幼苗即突然折倒，变褐枯死。湿度大时，病株附近长出白色棉絮状菌丝。

发生规律、防治方法：参考茄果类蔬菜病害猝倒病。

黄瓜猝倒病幼苗茎基部褐缩干枯

黄瓜猝倒病田间发病状

丝瓜霜霉病

症状：主要危害叶片。发病初期在叶片正面出现不规则的褐黄色斑，逐渐扩展为多角形黄褐色病斑，湿度大时病斑背面长出灰黑色霉层，后期病斑连片，整叶枯死。

发生规律、防治方法：参考黄瓜霜霉病。

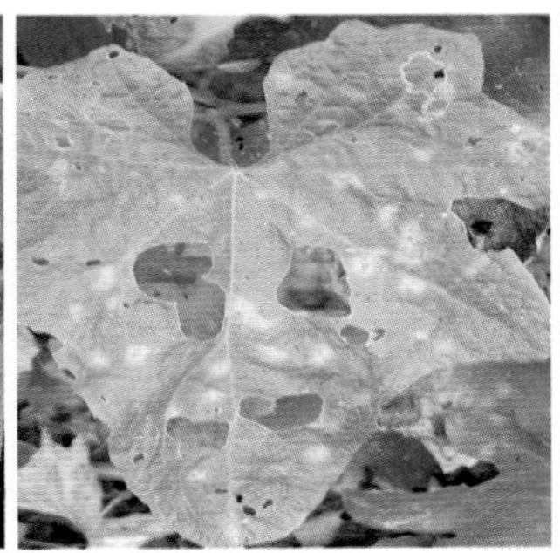

丝瓜霜霉病病叶

丝瓜白粉病

症状：发病初期叶片局部产生圆形小白粉斑，后逐渐扩大为不规则形、边缘不明显的白粉状小霉斑（即病菌的分生孢子梗和分生孢子）。发生严重时，数十个白粉病斑汇集连成一片，最后造成叶片发黄，有时病斑上产生小黑点。一般受害叶片只表现为褪绿或变淡黄色。

发生规律、防治方法：参考黄瓜白粉病。

丝瓜白粉病危害叶片

丝瓜白粉病危害瓜条

丝瓜病毒病

症状：丝瓜受害，幼嫩叶发病，呈浅绿与深绿色相间斑驳或褪绿小环斑。老叶发病则现黄色或黄绿色相间花叶，叶脉皱缩致使叶片歪扭或畸形。严重的叶片变硬、发脆，叶缘缺刻加深，后期产生枯死斑。果实发病，病果呈螺旋状畸形，其上产生褪绿色斑。

发生规律、防治方法：参考黄瓜病毒病。

丝瓜病毒病致病叶斑驳

丝瓜病毒病引起叶片歪扭或畸形

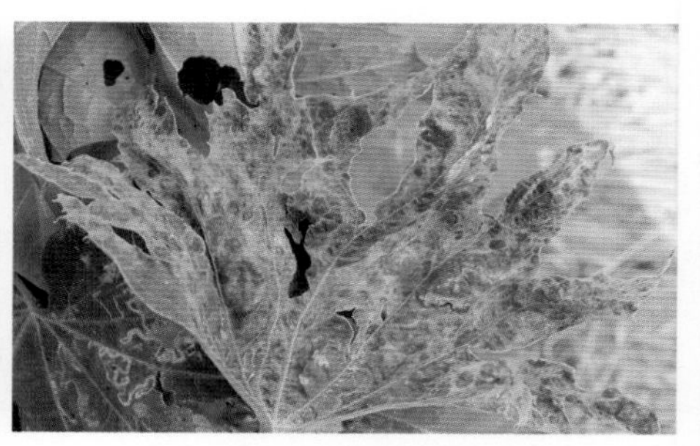
丝瓜病毒病严重危害状

葫芦霜霉病

症状：主要危害叶片。最初症状常出现在叶片正面，染病初期生黄绿色斑点，扩展后变为浅褐色，受叶脉限制呈多角形，病情扩展后相互融合为不规则形大病斑，严重时致叶片变黄褐色干枯。湿度大时，叶背可见灰色至紫黑色霉状物，即病原菌分生孢子梗和分生孢子。

发生规律、防治方法：参考黄瓜霜霉病。

葫芦霜霉病前期病叶

葫芦霜霉病后期病叶

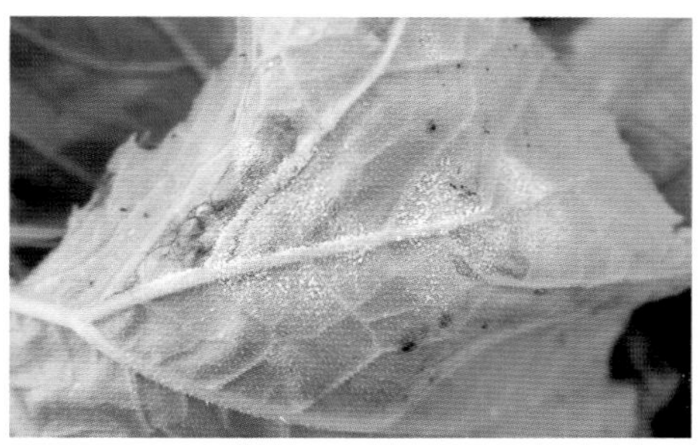
葫芦霜霉病病叶背面霉状物

葫芦枯萎病

症状：与黄瓜枯萎病症状基本相似，苗期、成株期均可发病。此病多在结瓜初期开始发生。幼苗染病，子叶无光泽，暗绿色，子叶变黄，生长变缓或停止生长甚至枯死。成株染病，植株一侧或基部叶片边缘变黄，随植株生长变黄的叶片不断增多，严重时遍及全株，致整株枯死，主蔓初现暗绿色纵纹，后发展为黄褐色纵裂，长几厘米至30厘米，纵剖病茎维管束变为黄褐色。湿度大时，病部表面现白色至粉红色霉状物，有时病部溢出少量红褐色胶质物。

葫芦枯萎病病株失水萎蔫

发生规律、防治方法：参考黄瓜枯萎病。

葫芦枯萎病病株枯死

葫芦枯萎病致茎蔓黄褐色纵裂

葫芦枯萎病致根基部变褐腐烂

葫芦枯萎病病部褐色胶质物

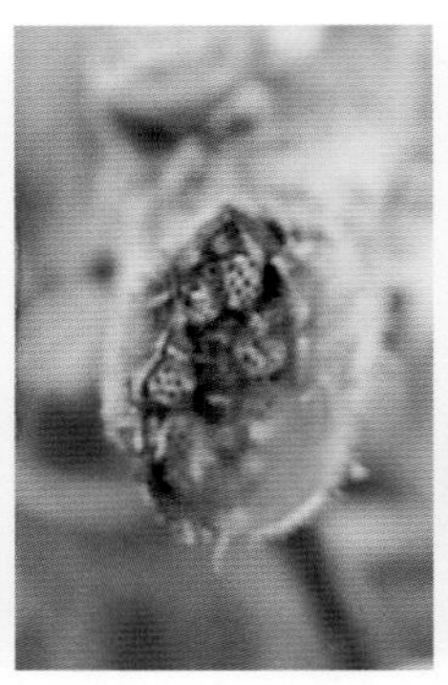
葫芦枯萎病茎基部横切面

葫芦枯萎病病茎上的胶状物

葫芦病毒病

症状：初在叶片上出现浓淡不均的嵌花斑，扩展后呈深绿和浅绿色相间的花叶。病叶小、略皱缩或畸形，枝蔓生长停滞，植株矮小。轻病株结瓜还正常，重病株不结瓜或呈畸形。该病7—9月发生，一般田块仅有少数植株染病，重病田病株率可达50%以上。

发生规律、防治方法：参考十字花科蔬菜病毒病。

葫芦病毒病斑驳病叶

葫芦病毒病病叶皱缩

葫芦病毒病病叶皱缩或畸形

葫芦病毒病病叶及病瓜

葫芦病毒病病瓜严重受害状

葫芦病毒病病瓜畸形褐变

葫芦病毒病皱缩病瓜

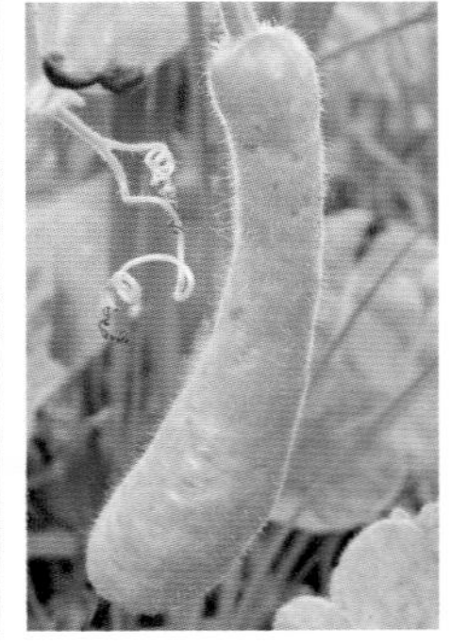
葫芦病毒病前期病瓜

葫芦病毒病病瓜皱缩变尖

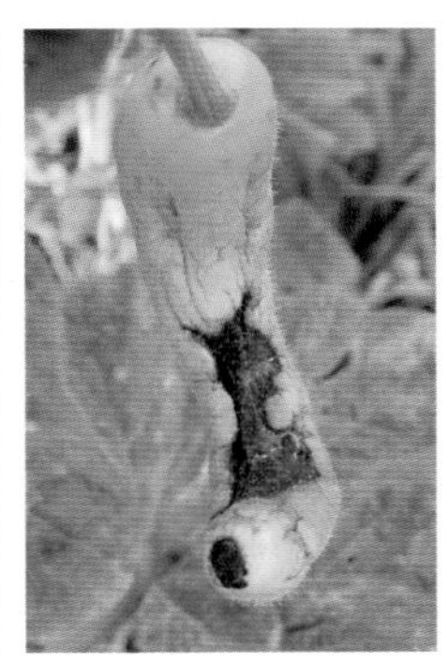
葫芦病毒病畸形褐变瓜

葫芦白粉病

症状：主要危害叶片、叶柄。叶片染病，初生稀疏白粉状霉斑，圆形至近圆形或不规则形，发病轻的叶片发生病变不明显，条件适宜时白粉斑迅速扩展呈块状或覆满整个叶面，形成浓密的白粉状霉层，致叶片老化、功能下降，严重的致叶片干枯。

葫芦白粉病危害叶片

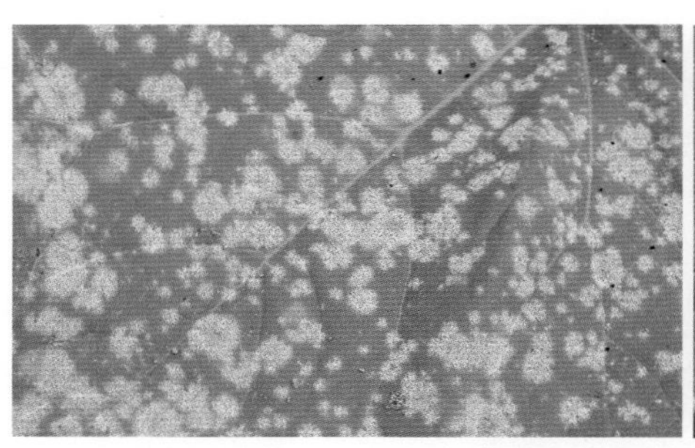

葫芦白粉病病叶上的粉状斑

发生规律、防治方法：参考黄瓜白粉病。

西葫芦病毒病

症状：由黄瓜花叶病毒（CMV）和烟草环斑病毒（WMV）等多种病毒单独或复合侵染引起。西葫芦病毒病引起花叶、皱缩和混合型3种症状类型。花叶型：新叶上呈现褪绿斑，叶片出现花叶、畸形，严重时出现鸡爪形或线形叶，植株矮化，病瓜小而有瘤状突起。皱缩型：上部叶片呈现黄绿斑点，然后黄化，皱缩下卷，甚至全株枯死，病瓜很小，瓜面上生有许多瘤状突起或起皱褶。混合型：花叶型和皱缩型混合发生，危害严重常造成成片死亡。

西葫芦病毒病危害叶片

西葫芦病毒病危害瓜条

西葫芦病毒病危害叶片与瓜条

发生规律、防治方法：参考黄瓜病毒病。

西葫芦疫病

症状：主要危害嫩茎、嫩叶和果实。幼苗染病，多始于嫩尖，产生水渍状病斑，病情发展较快萎蔫枯死，但不倒伏。茎蔓染病，多在近地面茎基部开始，初期呈暗绿色水渍状斑，随后病部缢缩，全株萎蔫而死亡。叶片染病，初始产生暗绿色水渍状斑点，随后扩展呈不规则形的大斑；潮湿时全叶腐烂，并产生白色霉层，干燥时整张叶片变青白色枯死。瓜条染病，初始出现水渍状浅绿褐色小斑，以后软化腐烂，迅速向四周扩展，在病部产生白色霉层，最终导致病瓜局部或全部腐烂。嫩茎和嫩叶染病病部产生白色霉层，病蔓缢缩倒折，病叶腐烂或枯焦。

西葫芦疫病病叶枯萎

西葫芦疫病病叶失水萎蔫

西葫芦疫病引起茎蔓基部水渍状缢缩

发生规律：该病由甜瓜疫霉侵染引起。病菌以菌丝体、卵孢子和厚垣孢子随病残体在土壤中越冬。在平均气温18℃开始发病，发病适温28～30℃，在此期间若遇多雨季节则发病重，大雨后暴晴最易诱发此病流行。浙江及长江中下游地区4—5月为发病盛期，华北地区7—8月为发病盛期。连作地、排水不良、浇水过多、施用未腐熟厩肥、通风透光差的田块发病较重。

防治方法：①实行非瓜类作物轮作3年以上。②种子处理。可用64%噁霜·锰锌可湿性粉剂800倍液浸种30分钟后催芽。③选择地势高燥、排水良好的田块，采用地膜覆盖栽培，深沟高畦种植，普通种植必要时把瓜垫起。合理浇水，注意控制浇水次数，避免大水漫灌，雨后及时排水，加强通风换气，适当增施钾肥，施用充分腐熟的有机厩肥。④发现中心病株，及时拔除并销毁。⑤药剂防治。参考黄瓜疫病。

西葫芦菌核病

症状：主要危害果实及茎蔓。果实染病，多在残花部呈水渍状腐烂，后长出白色菌丝，菌丝上散生鼠粪状黑色菌核。茎蔓染病，多在近地面处或分枝处产生水渍状病斑，病斑扩大呈褐色，后长出白色菌丝，菌丝密结成为黑色菌核。严重的可使病部以上叶、茎蔓枯死。

西葫芦菌核病菌核

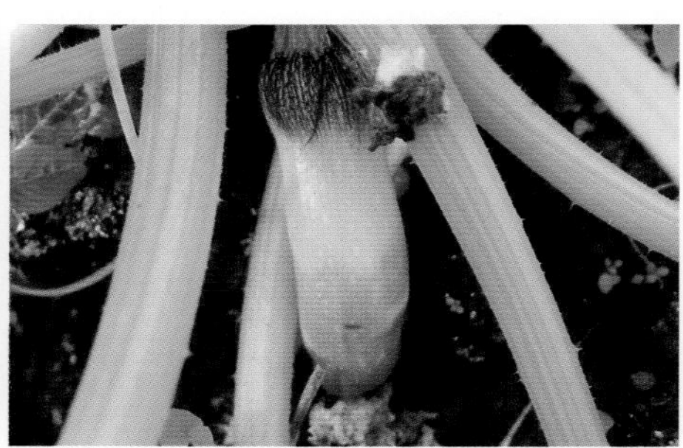
西葫芦菌核病造成果实水渍状腐烂

西葫芦菌核病腐烂果

西葫芦菌核病絮状菌丝

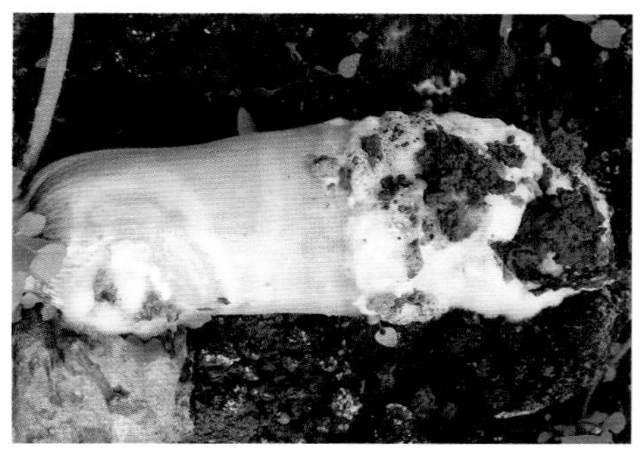
西葫芦菌核病病果菌丝及菌核

西葫芦菌核病茎基部腐烂

西葫芦菌核病严重危害果

西葫芦菌核病地上的菌丝

西葫芦菌核病茎基部水渍状斑及菌丝

发生规律：早春温暖多雨或夏天连阴雨后骤晴，气温迅速升高时易发病；连续3天大雨或暴雨易发病；秋季多雨、多雾、重露、日照不足或寒流来早时易发病。南方2—4月及11—12月，北方3—5月及9—10月发生多。其他参考番茄菌核病。

防治方法：参考茄果类蔬菜病害番茄菌核病。

西葫芦灰霉病

西葫芦灰霉病是西葫芦棚室栽培中的一种重要病害，特别是北方日光温室冬春茬、早春茬及秋冬茬的中后期及南方露地发病较重。

症状：叶、茎、花、幼瓜均可染病，以危害花和幼瓜最为普遍。病菌多从凋萎的雌花开始侵入，初期花瓣呈水渍状，逐渐软化，表面生灰色霉层，造成花瓣腐烂、萎蔫、脱落，后病菌逐渐向幼果发展。果实多从先端开始发病，受害部位先变软腐烂，直至整个果实软腐，果面产生灰色霉层。叶片发病，病斑初为水渍状，后变为灰褐色，其边缘较明显，斑多呈V形，湿度大时病斑表面有灰色霉层。发病组织如果落在叶片或茎蔓上，也可引起茎蔓发病，出现灰白色病斑，生灰褐色霉状物，绕茎1周后可造成茎蔓折断。

发生规律、防治方法：参考番茄灰霉病。

西葫芦灰霉病病叶

西葫芦灰霉病叶及叶柄

西葫芦灰霉病与菌核病混发

西葫芦灰霉病危害叶片

南瓜白粉病

症状：主要危害叶片，发病初期在叶面或叶背面产生白色粉状小圆斑，后逐渐扩大为不规则形的白粉状霉斑，多个粉斑逐渐覆盖整张叶片。发病叶片的细胞和组织被侵染后并不死亡，抹去病斑上的粉层，叶片表现为褪绿或变黄，发病后期病斑呈灰色或灰褐色，上有黑色的小粒点，发病后致光合作用明显受阻，受害重的叶片枯黄乃至焦枯，影响南瓜结实。

南瓜白粉病症状

发生规律、防治方法：参考黄瓜白粉病。

南瓜病毒病

症状：南瓜受害病株叶片呈现系统花叶，主要表现为叶面出现黄斑或深浅相间的斑驳花叶，或形成深绿色相间带，受害的病叶凹凸不平，脉皱曲变形，一般新叶症状较老叶明显，病株顶叶与茎蔓扭曲。瓜果上有褪绿病斑。一般早期发病轻，开花结瓜后病情渐重。

发生规律、防治方法：参考十字花科蔬菜病毒病。

南瓜病毒病斑驳花叶

南瓜病毒病病叶皱缩褪绿

南瓜病毒病病叶上的环形斑

南瓜细菌性角斑病

症状：主要危害叶片、叶柄、卷须和果实，有时也可侵染茎。受害叶片初为近圆形、暗绿色、水渍状斑，渐变为淡褐色至黄褐色，病斑扩大受叶脉限制呈多角形，湿度大时叶背产生乳白色黏液即菌脓，后为一层白色膜，气候干燥时病斑干裂易穿孔。茎、叶柄、卷须的侵染点出现水渍状小点，湿度大时有菌脓。果实受害后腐烂，有异味，早落。

南瓜细菌性角斑病病叶前期病斑

发生规律、防治方法：参考黄瓜细菌性角斑病。

南瓜细菌性角斑病病叶后期黄褐色病斑

南瓜细菌性角斑病叶背水渍状病斑

南瓜黑星病

可危害南瓜、黄瓜、笋瓜、葫芦、冬瓜、甜瓜和其他葫芦科植物。

症状：初发病叶面呈现近圆形褪绿小斑点，进而扩大为直径2 ~ 5毫米的淡黄色病斑，边缘呈星纹状，干枯后呈黄白色，后期形成边缘有黄晕的星状裂开或穿孔破裂。幼瓜和成瓜均会发病，起初为圆形或椭圆形褪绿小斑，后为暗褐色，中间开裂呈疮痂状，病斑处溢出透明的黄褐色胶状物，凝结成块。以后病斑逐渐扩大、凹陷，胶状物增多，堆积在病斑附近，最后开裂。湿度大时，病部密生黑色霉层。接近收获期，病瓜暗绿色，有凹陷疮痂斑，空气干燥时龟裂。

南瓜黑星病病瓜上的淡黄色病斑

南瓜黑星病病瓜病部的胶状物

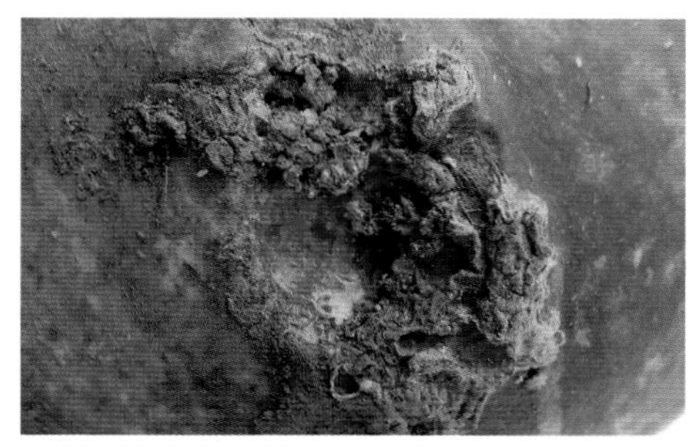

南瓜黑星病病瓜上的疮痂状病斑

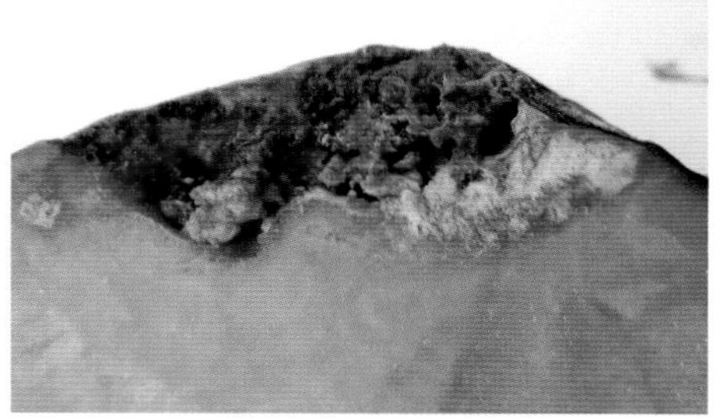

南瓜黑星病病瓜上的疮痂状病斑剖面

发生规律：病菌以菌体在土壤或种子表皮内外及病残体上越冬。在空气相对湿度93%以上，温度15 ~ 30℃（最适宜温度20℃左右），植株叶面结露时，该病容易发生和流行。田间通风不良、密度大、潮湿多雨及排水不良的地块发病重。春秋气温较低，常有雨或多雾，此时也易发病。重茬、浇水多和通风不良的地块，发病较重。

防治方法：①选择抗病、耐病品种。②注意轮作。③种子消毒。用55 ～ 60℃温水浸种15分钟，或50%多菌灵可湿性粉剂500倍液浸种20分钟后冲净催芽。直播时可用种子重0.3%的50%多菌灵可湿性粉剂拌种。④采取地膜覆盖及滴灌技术，及时放风，以降低棚内湿度。施足基肥，增施磷、钾肥，培育壮苗，合理密植，适当去除老叶。⑤药剂防治。发现中心病株后及时喷药，可用40%氟硅唑乳油6 000 ～ 8 000倍液，或62.25%腈菌唑·锰锌可湿性粉剂800 ～ 1 000倍液，或50%异菌脲可湿性粉剂1 000 ～ 1 500倍液进行叶面喷雾，每7天1次。连续防治3 ～ 4次。上述药剂应轮换使用，避免产生抗药性。

冬瓜炭疽病

症状：果实染病，多在顶部发病，病斑初呈水渍状小点，后逐渐扩大，现圆形褐色或黑褐色凹陷斑，湿度大时病斑中部长出粉红色粒状物，病斑连片致皮下果肉变褐，严重时腐烂。叶片染病，病斑圆形，褐色或红褐色，周围有黄色晕圈，中央色淡，病斑多时叶片干枯。

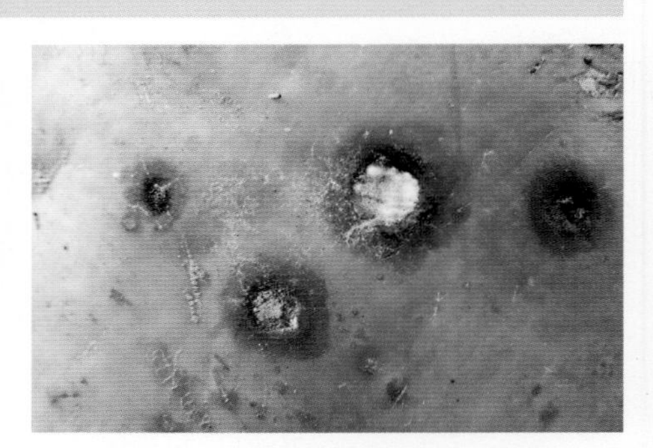

冬瓜炭疽病病瓜前期水渍状病斑

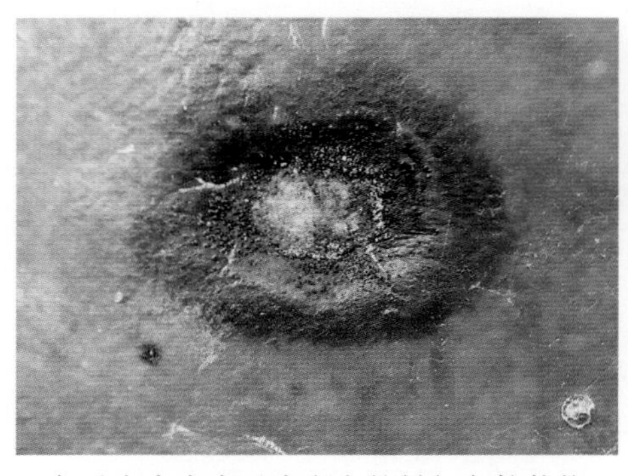

冬瓜炭疽病病瓜病斑上的粉红色粒状物

冬瓜炭疽病病瓜病斑剖面

发生规律：病菌以菌丝体附着在种子表面，或随病残体在土壤中越冬。借雨水、灌溉水、气流及昆虫传播。高温、高湿是炭疽病发生流行的主要条件。在适宜的温度条件下，湿度越高越容易发病，潜育期也相应缩短。空气相对湿度87%以上适于发病，低于54%不发病。温度10 ～ 30℃都可以发病，以24℃左右发病最重，28℃以上发病较轻。通风差、氮肥过多、灌水过量、连作重茬的地块，发病较重。

防治方法：参考十字花科蔬菜炭疽病。

冬瓜疫病

症状：主要侵害茎、叶、果各部位，整个生育期均可发病。苗期染病，茎、叶、叶柄及生长点呈水渍状或萎蔫，后干枯死亡。成株期染病，多从茎嫩头或节部发生，初为水渍状，病部失水缢缩，病部以上叶片迅速萎蔫，维管束不变色。叶片受害，先出现水渍状圆形或不规则形灰绿色大斑，严重时叶片枯死。瓜染病，最初出现水渍状斑点，以后病斑凹陷，有时开裂，溢出胶状物，病部扩大后引致瓜腐烂，表面常疏生白霉。

冬瓜疫病危害状

发生规律、防治方法：参考黄瓜疫病。

苦瓜蔓枯病

症状：主要危害叶片、茎蔓和果，以危害茎蔓影响最大。叶片染病，初在叶缘产生水渍状小点，后呈褐色圆形病斑，中间多为灰褐色，扩大后病斑呈V形扩展，或产生圆形及不规则形病斑，黄褐色或淡褐色，具不明显轮纹，后期病部生出黑色小粒点。茎蔓染病病斑多发生于茎部或基部分枝处，初为椭圆形或梭形，扩展后为不规则形，灰褐色，边缘褐色，湿度大或病情严重的常溢出胶质物，引起蔓枯，致全株枯死。干燥后红褐色，表皮纵裂脱落，露出维管束呈乱麻状，病部以上茎蔓枯萎，易折断。病部也生黑色小粒点。果实染病初生水渍状小圆点，逐渐变为黄褐色凹陷斑，果肉淡褐色，病部生小黑粒点，后期病瓜组织易变烂破碎。本病与枯萎病、疫病、炭疽病等易混淆，主要以不侵染根部和维管束、病斑上大量散生小黑点、分泌琥珀色胶质物及茎基部表皮容易脱落等加以区别。

发生规律：病菌以分生孢子器或子囊壳随病残体遗留在田间越冬，也能潜伏在种皮上越冬。最适

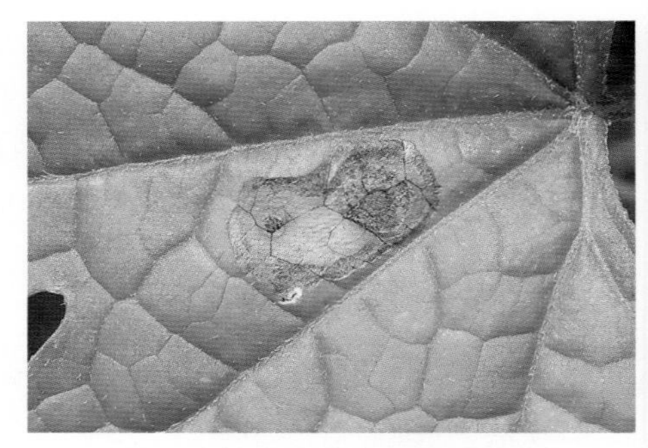

苦瓜蔓枯病病叶上的圆形病斑

苦瓜蔓枯病危害叶片

苦瓜蔓枯病病叶严重受害状

感病生育期为结瓜初期。病菌喜温暖、高湿条件，适宜温度20 ~ 25℃，空气相对湿度85%以上。露地栽培主要在夏秋雨季发生，雨日多，或忽晴忽雨，天气闷热等气候条件下易流行。平畦栽培、排水不良、缺肥以及瓜秧生长不良等会加重病情。浙江及长江中下游地区黄瓜蔓枯病发病盛期为5—6月和9—10月。

防治方法：①重发病田块与非瓜类作物实行2年或3年以上轮作。②种子消毒。参考黄瓜枯萎病。③发病后适当控制浇水量，切忌大水漫灌，开好排水沟系，防止雨后积水引发病害。及时摘除病叶、病果，带出田外深埋或销毁；收获后清除植株病残体，并耕翻土壤，加速病残体的腐烂分解。④在发病初期开始喷药，用药间隔期7 ~ 10天，连续喷药2 ~ 3次。药剂可选用40%双胍三辛烷基苯磺酸盐可湿性粉剂600 ~ 800倍液，或10%苯醚甲环唑水分散粒剂1 500 ~ 2 000倍液，或25%异菌脲·锰锌·多菌灵可

湿性粉剂600 ~ 800倍液，或10%多抗霉素可湿性粉剂300 ~ 500倍液，或25%嘧菌酯悬浮剂600 ~ 1 000倍液，或32.5%苯甲·嘧菌酯悬浮剂1 500倍液，或60%唑醚·代森联水分散粒剂1 000倍液，或35%氟菌·戊唑醇悬浮剂1 500 ~ 2 000倍液等。发病严重可用43%戊唑醇500倍液涂抹患处。保护地还可用百菌清等粉剂或烟剂。

瓜类蔬菜根结线虫病

根结线虫病除危害黄瓜、丝瓜、苦瓜、冬瓜、西瓜、甜瓜外，还危害番茄、辣椒、茄子等多种蔬菜。

症状：此病仅发生于根部，尤以侧根和枝根最易受害。根部被害部位产生大小不等的瘤状物或根结，形如鸡爪状。在根瘤或根结部上常常产生稀疏细小的新根，之后新根又被侵染呈现根结肿大。重病株地上部分表现为生长衰弱、缓慢，植株矮小，影响生长发育，致植株发黄矮小，不结实或结实不良。天气干旱或水分供应不足时，中午前后地上部常出现萎蔫状，早晚气温低时，也能恢复正常。黄瓜结瓜期最易感病，长江中下游地区保护地栽培中黄瓜根结线虫病的主要发病盛期在5—6月，露地秋黄瓜在8—9月。

发生规律、防治方法：参考茄果类蔬菜病害根结线虫病。

黄瓜根结线虫病地上部萎蔫状，直至枯死

黄瓜根结线虫病根部瘤状根结

丝瓜根结线虫病根部瘤状物

（二）瓜类蔬菜害虫

瓜绢螟

瓜绢螟属鳞翅目螟蛾科，又名瓜螟、瓜野螟，可危害西瓜、黄瓜、丝瓜、苦瓜、甜瓜、茄子、豇豆、番茄、茄子、马铃薯等多种作物。

形态特征：成虫头、胸部黑色或褐色；前、后翅白色半透明状，略带紫光，前翅前缘和外缘及后翅外缘均为黑褐色宽带；腹部除第一、七、八体节黑褐色外，均为白色。停留不飞行时，前、后翅伸开，翅面与腹部由第二至六节的白色组成一个等边三角形，腹末向上翘起，并不停摆动，末端有一丛黄色或黄褐色相间的绒毛。卵扁平椭圆形，淡黄色，表面有网状纹。幼虫共5龄，老熟幼虫头部前胸背板淡褐色，胸、腹部草绿色，亚背线呈两条较宽的乳白色纵带，气门黑色，各体节有小的瘤状突起，并着生短毛。蛹体色由淡绿色渐变为浓绿色或深褐色，头部光整尖瘦，翅端达第六腹节，外被薄茧。

瓜绢螟成虫

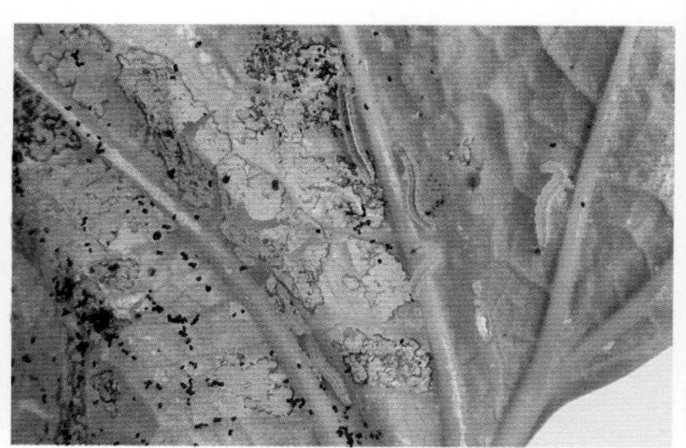

瓜绢螟低龄幼虫及危害状

瓜绢螟高龄幼虫

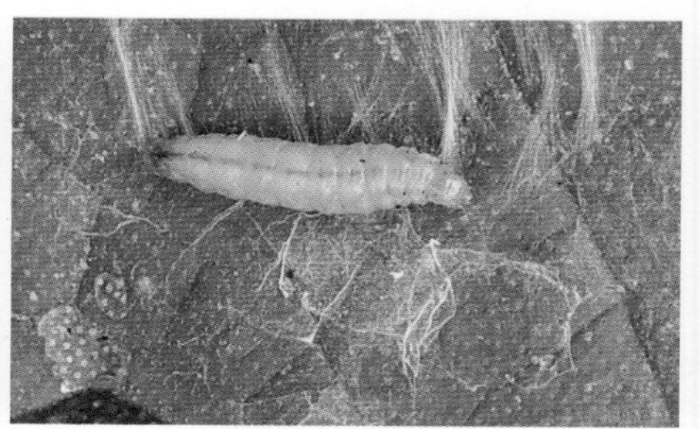

瓜绢螟老熟幼虫

危害状：以幼虫危害叶片，一、二龄幼虫在叶背啃食叶肉，仅留透明表皮，呈灰白斑；三龄后吐丝将叶或嫩梢缀合，匿居其中取食，致使叶片穿孔或缺刻，严重时仅剩叶脉。幼虫还可蛀食花和幼瓜，还啃食瓜皮，留下疤痕，并蛀入瓜内危害，严重影响瓜果产量和质量。

瓜绢螟幼虫危害黄瓜

瓜绢螟幼虫严重危害黄瓜苗期

瓜绢螟幼虫严重危害黄瓜

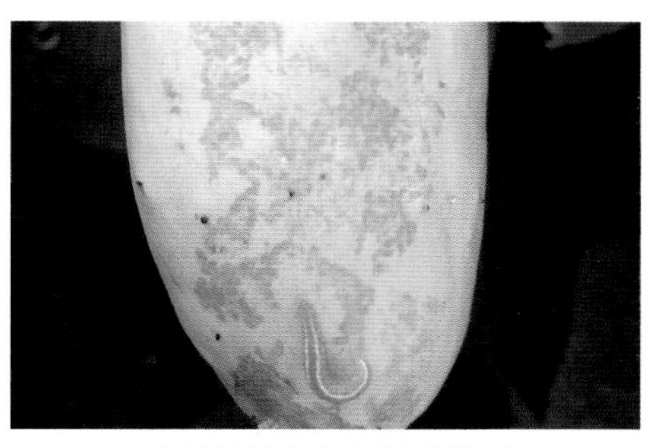
瓜绢螟幼虫危害丝瓜果面

瓜绢螟危害丝瓜叶片

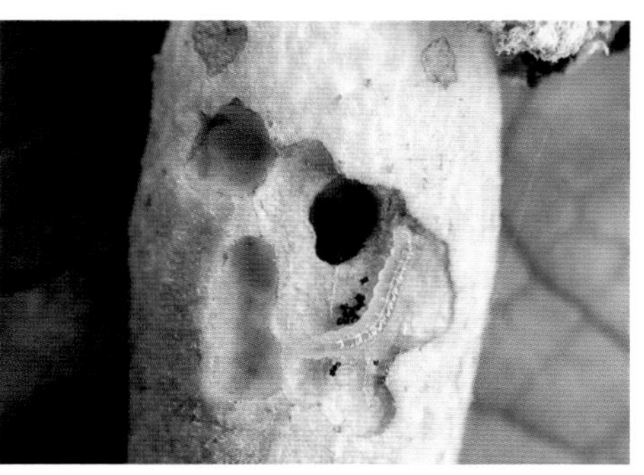
瓜绢螟幼虫危害丝瓜瓜条

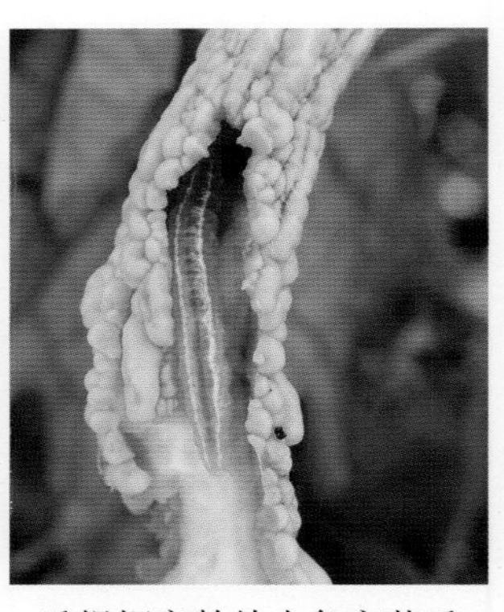

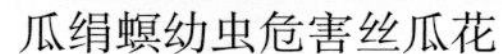

瓜绢螟幼虫危害丝瓜花　　瓜绢螟低龄幼虫危害苦瓜　　瓜绢螟高龄幼虫危害苦瓜

生活习性：长江中下游1年发生4 ～ 5代，华南地区6代，以老熟幼虫或蛹在寄主的枯卷叶内或表土越冬。成虫夜间活动，趋光性弱，白天潜伏于隐蔽场所或叶丛中。幼虫较活泼，遇惊即吐丝下垂转移他处危害。浙江5月开始危害，7—9月为盛发期，各代成虫发生期分别为6月中旬、7月中旬、8月上旬至中旬、9月初前后和10月初前后。其中第三、四代危害最重，世代重叠。北方8—9月为盛发期。

防治方法：①与非葫芦科、茄科作物进行轮作。②采收完毕后，将枯藤落叶收集沤肥或销毁。③灯光诱杀成虫。④在幼虫发生初期，摘除卷叶，捏杀幼虫和蛹。⑤棚室蔬菜田提倡采用防虫网。⑥药剂防治。在低龄幼虫高峰期用药防治，药剂可选0.5%苦参碱水剂1 000倍液，或2.5%多杀霉素悬浮剂1 000倍液，或10%虫螨腈悬浮剂2 000倍液，或24%甲氧虫酰肼悬浮剂1 500 ～ 2 000倍液，或1.8%阿维菌素乳油2 000 ～ 3 000倍液，或5%氯虫苯甲酰胺悬浮剂2 000 ～ 4 000倍液，虫龄稍大可用15%茚虫威悬浮剂2 000 ～ 3 000倍液，或5%甲维盐乳油4 000倍液。根据虫情每隔7 ～ 10天喷1次，连续2 ～ 3次。也可用19%溴氰虫酰胺悬浮剂每平方米3毫升于移栽前2天喷淋苗床，后带土移栽。喷淋前需适当晾干苗床，喷淋时需浸透土壤，做到湿而不滴，根据苗床土壤的湿度情况，每平方米苗床可使用2 ～ 4升药液。

南亚果实蝇

南亚果实蝇属双翅目实蝇科，又名南瓜实蝇。主要危害苦瓜、节瓜、冬瓜、南瓜、黄瓜、丝瓜、匏瓜、角瓜、笋瓜等葫芦

科植物，此外，还危害西番莲、番石榴、洋桃、梨、芒果、番茄、辣椒和豆类等80多种水果和蔬菜，对葫芦科植物的危害尤为严重。南亚果实蝇是我国进境植物检疫性有害生物。

形态特征：成虫黄褐色，额狭窄，头部黄色或黄褐色，颜面具2个黑色颜面斑。胸部中胸盾片黄褐色或淡棕黄色，缝后有3个黄色纵条，其中的2个侧条终止于翅内鬃之后。黑色的斑纹包括：介于黄色中、侧条之间的大片区域，肩胛后至横缝间的两大斑，盾片中央自前缘至缝后黄色中纵条前端的一狭纵纹。小盾片黄色，基部有一黑色狭横带。肩胛、背侧胛及缝前1对小斑均为黄色。前缘带褐色于翅端部扩延呈一椭圆形斑，雄虫臀条较雌虫宽，伸达翅后缘。足黄色，中、后胫节红褐色或褐色。腹部黄色或黄褐色，第二、三背板的前缘各有一黑色横带；第四、五背板的前侧角一般也有黑色短带；第三至五背板的中央有一黑色长纵条，与第三节背板黑色横带相交成T形。雄虫第三背板具栉毛。卵梭形，乳白色。幼虫蛆形，口钩黑色，口器呈圆形。后气门裂较大，气门毛几与气门裂的程度相等。肛叶1对，大而隆突。蛹黄褐色，圆筒形。

南亚果实蝇成虫

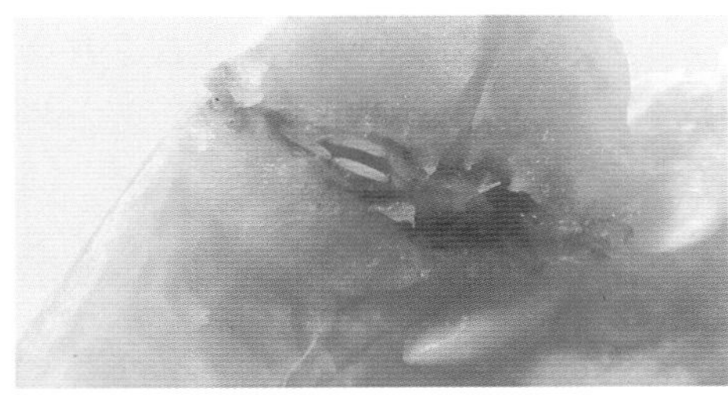

南亚果实蝇卵

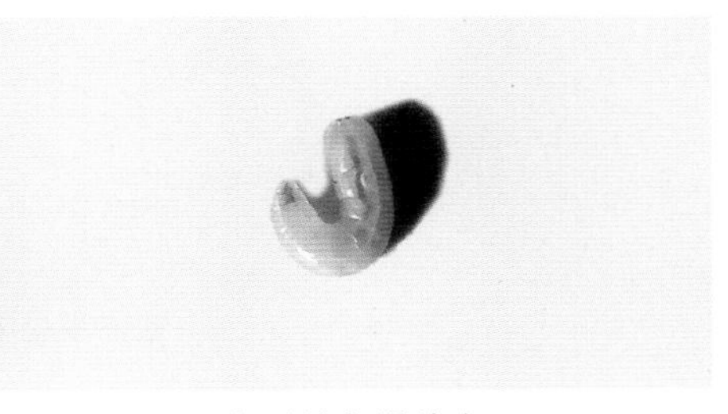

南亚果实蝇幼虫

危害状：成虫产卵管刺入幼瓜表皮内产卵，产卵孔常流出透明的胶质物，封闭产卵孔，幼虫孵化后即在瓜内蛀食果肉，将瓜蛀食成蜂窝状，受害的瓜先局部变黄，然后全瓜腐烂变臭，内有蛆虫蠕动，造成大量落瓜，即使不腐烂，刺伤处凝结流胶，畸形下陷，果皮硬实，瓜味苦涩。受害严重的果实常常被食空，全部腐烂，失去经济价值；受害轻的生长不良，畸形，质量和经济价值下降。

南亚果实蝇危害丝瓜幼瓜

南亚果实蝇危害丝瓜及刮皮后状态

南亚果实蝇严重危害丝瓜

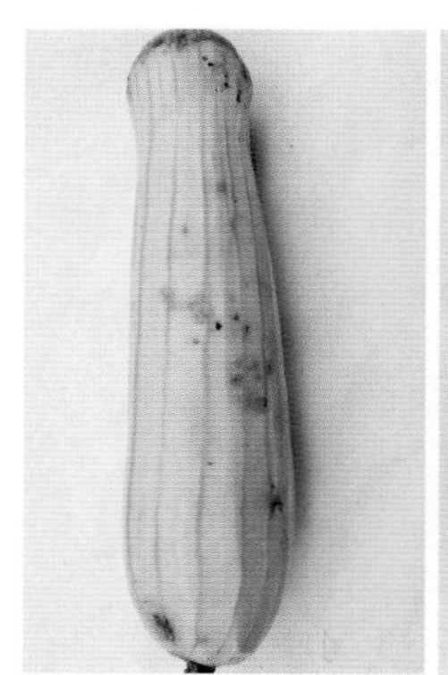

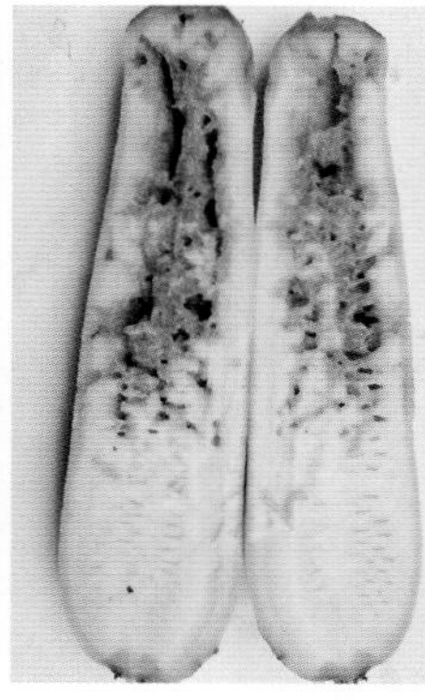

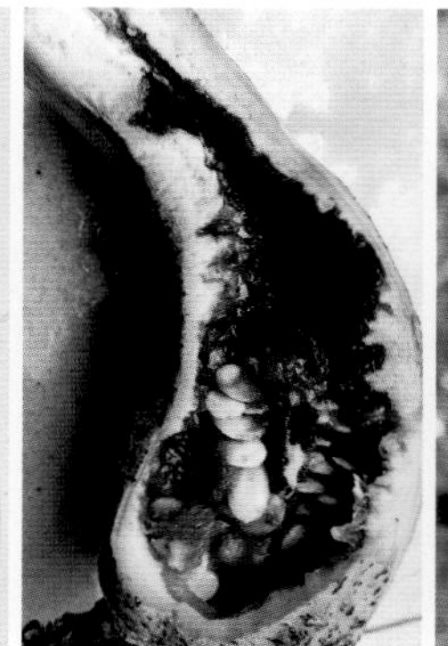

南亚果实蝇危害丝瓜状

南亚果实蝇危害黄瓜状

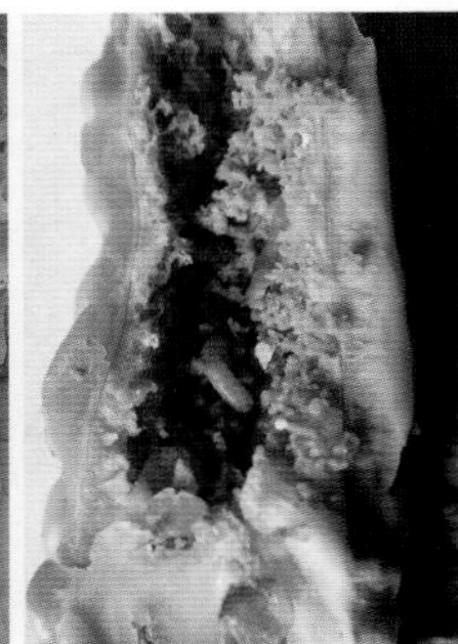

南亚果实蝇危害苦瓜

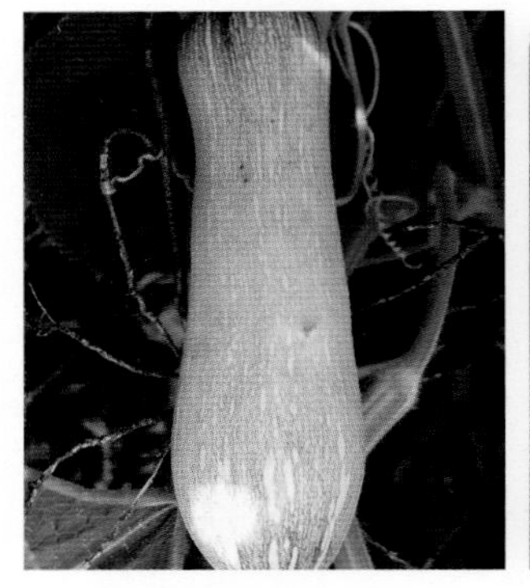

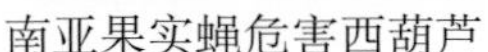
南亚果实蝇危害西葫芦

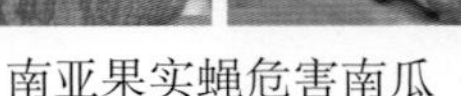
南亚果实蝇危害南瓜

生活习性：该虫具有寄主广泛、繁殖力强、适应能力极强和危害严重等特点，每年发生代数因地区不同而有差异。在适宜地区每年发生3 ～ 4代，多以蛹在土中越冬；在次适宜地区每年可发生1代，以蛹越冬。成虫羽化可全天进行，但以上午9—10时为盛。交尾后第三天雌虫便可开始产下可育卵，产卵时间大多在下午4—5时。产卵时，雌虫飞到瓜果上，边取食边寻找合适的产卵部位，多在果实新形成的伤口、裂缝等处产卵。1头雌虫有时可在多处产卵或在同一产卵孔中多次产卵。每孔产卵几粒至几十粒不等。每头雌虫可产卵89 ～ 121粒，平均104粒，产卵期约50天。幼虫很活跃，幼虫自孵化后数秒，便开始活动，昼夜不停地在瓜果内部取食、危害，尤其是三龄幼虫，其食量大，危害严重。幼虫老熟后，通常会脱离受害果，弹跳落地，钻入泥土、石块、枯枝叶缝中化蛹。

长江流域1年发生4 ~ 5代，福建、广州6 ~ 8代，海南9 ~ 11代，以蛹或成虫越冬，世代重叠。主要是以卵和幼虫随寄主传播。成虫具有一定飞行扩散能力。越冬成虫通常于4—5月开始活动，5—6月数量逐渐增多，7—9月为发生危害盛期，11月底进入越冬期。瓜实蝇适宜生长发育的温度为18 ~ 38℃，最适宜温度为22 ~ 35℃。成虫白天活动，飞翔敏捷，但在夏天中午高温烈日时，常静伏于瓜棚或叶背等阴凉处，傍晚以后停息叶背。成虫产卵前，需要补充营养，对糖、酒、醋及芳香物质有趋性。雌虫喜欢在细嫩的瓜果上产卵，成堆或成排产于瓜肉中，喜欢在表皮尚未硬化的幼瓜基部产卵，每次产几粒至十几粒。每雌成虫可产卵300 ~ 1 000粒。老熟幼虫在瓜落前或瓜落后弹跳落地，钻入表土层化蛹，通常在2 ~ 4厘米的表土层化蛹。

防治方法：因南亚果实蝇是成虫以产卵器在幼瓜内产卵，幼虫在瓜内孵化取食危害造成瓜腐烂落果，虫量大时会造成大量烂瓜落果，损失极大，成虫又不取食瓜果、叶片，所以一般的喷药保护幼瓜难以起到防治作用。应根据其发生危害特点采取农业防治、物理防治、生物防治和化学防治相结合的综合防治措施，以降低成虫产卵量、保护瓜果免受其害为重点。

①加强检疫。针对进口水果的种类和进口国家疫情发生情况，了解和掌握南亚果实蝇的形态、发生疫情动态、危害特点、寄主和传入风险，对入境果蔬产品有针对性地开展检疫和有效的鉴定，以防止漏检和果蔬实蝇疫情传入与扩散。②轮作。瓜类要与叶菜类轮作，禁止同一地块瓜类蔬菜周年循环种植。③清洁田园。及时摘除及收集落地烂瓜集中处理。④套袋护瓜。在常发且严重危害的地区或名贵瓜果品种，可在瓜果刚谢花、幼瓜长到2 ~ 4厘米时，成虫未产卵前用草覆盖幼果或给幼瓜套纸袋，以防成虫产卵危害。⑤各种瓜类在结幼瓜时，特别是规模种植的，宜安装频振式杀虫灯诱杀。⑥黄板诱杀成虫。在瓜实蝇发生危害高峰期，于田间每15 ~ 20米^{2}悬挂1张黄板或粘蝇纸。⑦性诱。可选用瓜实蝇性诱剂、果实蝇引诱液剂放在诱瓶内进行诱杀，每亩安放3 ~ 5个。也可制作诱杀瓶，内挂诱蝇酮诱芯，每亩挂2 ~ 3个，挂在离地1.2 ~ 1.8米高处，可大量诱杀实蝇成虫。⑧药物饵剂。也可每亩用0.1%阿维菌素浓饵剂180 ~ 270毫升，用清水稀释2 ~ 3倍后装入诱罐，挂于瓜架，每7天换1次诱罐内的药液。开花植物花期、蚕室和桑园附近禁用。⑨也可利用成虫趋化性，喜食甜质花蜜的习

性，用香蕉皮或菠萝皮40份，90%敌百虫晶体0.5份，香精1份，加水调成糊状毒饵，直接涂在瓜棚竹篱上或装入容器挂于棚下，每亩20点，每点放25克，诱杀成虫。也可用红糖水煮开后加入适量的蛋白胨或淀粉使之有适当的黏稠度，再放入适量的80%敌百虫晶体，滴入一些瓜汁和醋搅拌均匀后即可使用。⑩药剂防治。成虫盛发期，选中午或傍晚喷洒2.5%多杀霉素悬浮剂1 000倍液，或1.8%阿维菌素乳油2 000倍液，或10%氯氰菊酯乳油2 500倍液喷雾，因成虫出现期长，隔3 ~ 5天喷1次，连喷2 ~ 3次。也可在瓜实蝇发生初期，每亩用5%阿维·多霉素悬浮剂30 ~ 40毫升，兑水搅拌后均匀喷雾。同时，对落瓜附近的土面喷洒50%辛硫磷乳油800倍液，防止老熟幼虫入土化蛹或者蛹羽化。

瓜蚜

瓜蚜属半翅目蚜科，又名棉蚜、油虫、腻虫、蜜虫，可危害74科285种植物，主要危害西瓜、黄瓜、南瓜、西葫芦等葫芦科蔬菜，还可危害茄科、豆科、菊科等蔬菜。

形态特征：有翅胎生雌蚜体黄色至深绿色，触角6节，短于身体，前胸背板黑色，腹部两侧有3或4对黑斑，腹管圆筒形，黑色，表面具瓦状纹。尾片圆锥形，近中部收缩，具刚毛4 ~ 7根。无翅胎生雌蚜体卵圆形，夏季黄绿色或黄色，秋季深绿色、蓝黑色。体背有斑纹，全身被蜡粉，腹管长圆筒形，较短。尾片同有翅胎生雌蚜。卵长椭圆形，初产橙黄色，后变漆

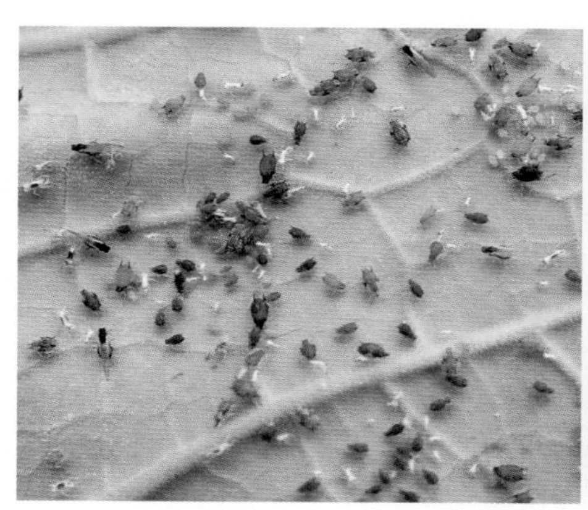
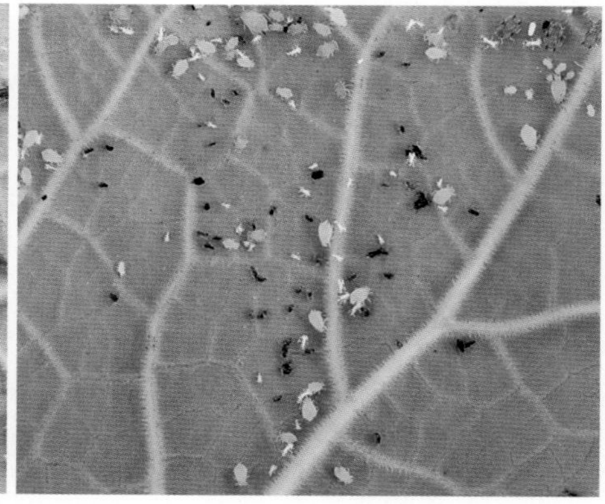

瓜蚜无翅蚜及若虫

黑色，有光泽。若蚜共4龄，老熟若蚜夏季黄色或黄绿色，秋季蓝灰色，复眼红色，其他形态同无翅成蚜。

危害状：成蚜及若蚜群集在叶背和嫩茎上吸食作物汁液，引起叶片皱缩。瓜苗嫩叶及生长点被害后，叶片卷缩，瓜苗萎蔫，甚至停止生长；老叶受害，虽然叶片不卷曲，但受害叶提前干枯脱落，缩短结瓜期，造成减产。此外，还能传播病毒病，其排出的蜜露还可以诱发煤污病。

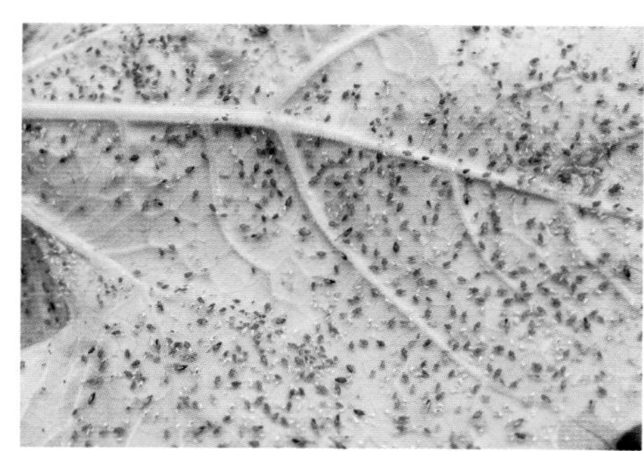

瓜蚜群集危害葫芦

生活习性：1年发生10 ~ 30代，华北地区10 ~ 20代，长江流域20 ~ 30代。以卵在越冬寄主上越冬。温室和大棚可周年繁殖，适宜温度为16 ~ 22℃。春季温度达16℃时，越冬卵孵化、繁殖，产生有翅蚜，于4—5月迁飞到瓜类蔬菜危害。瓜蚜对黄色有较强的趋性，对银灰色有忌避习性，且具较强的迁飞和扩散能力。瓜蚜的主要危害期在春末夏初，秋季一般轻于春季。一般干旱年份发生重。

防治方法：①除草防蚜。春季铲除瓜田和棚室四周的杂草，消灭越冬卵。②诱避防蚜。采取银灰色薄膜避蚜和设黄板诱蚜杀蚜。③药剂防治。选用对瓜蚜高效、速效、低毒、低残留和对瓜类作物安全的药剂，并且尽可能在瓜蚜点发时及早防治，提倡局部针对性喷雾防治（即挑治），避免全田普遍用药。药剂可选用5%啶虫脒乳油1 500 ~ 2 500倍液，或10%氟啶虫酰胺水分散粒剂2 000倍液，或60%氟啶·噻虫嗪水分散粒剂8 000 ~ 10 000倍液，或25%噻虫嗪水分散粒剂5 000 ~ 6 000倍液，或18%氟啶·啶虫脒可分散油悬浮剂5 000倍液，或2.5%联苯菊酯乳油3 000倍液。间隔10 ~ 15天1次，连续用药2 ~ 3次。提倡科学轮换农药，避免1种药剂长期使用。

美洲斑潜蝇

危害状：以幼虫危害为主。雌成虫刺伤叶片取食和产卵，幼虫在蔬菜叶片内取食叶肉，使叶片布满不规则蛇形白色虫道。幼虫排泄的黑色虫粪交替排在蛀道两侧。

美洲斑潜蝇危害黄瓜叶片

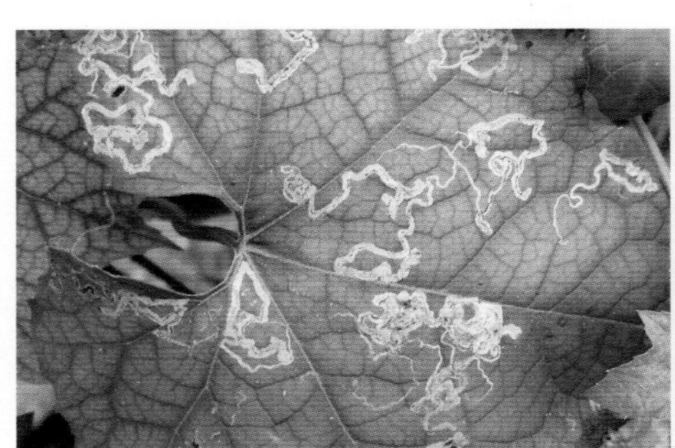

美洲斑潜蝇危害丝瓜叶片

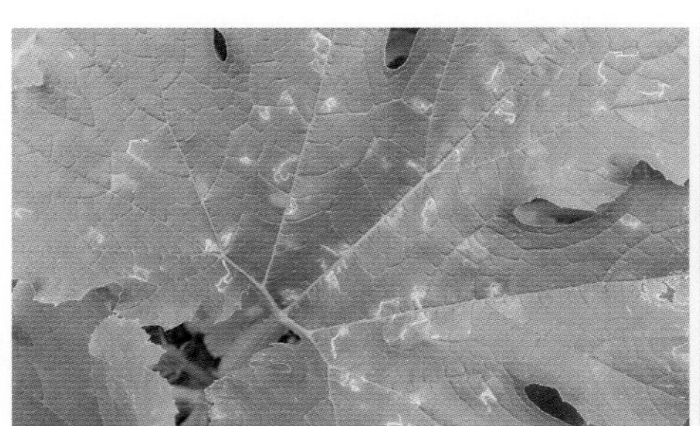
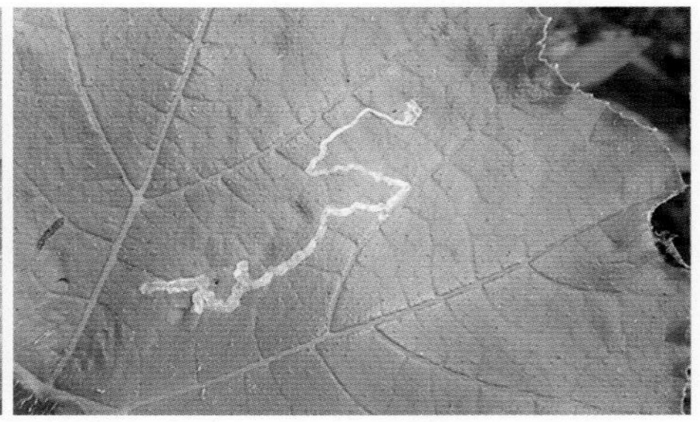

美洲斑潜蝇危害南瓜叶片

形态特征、生活习性、防治方法：参考茄果类蔬菜害虫美洲斑潜蝇。

美洲斑潜蝇危害西葫芦叶片

棕榈蓟马

棕榈蓟马属缨翅目蓟马科，又称瓜蓟马、棕黄蓟马、节瓜蓟马、棕黄蓟马，主要危害节瓜、冬瓜、西瓜、黄瓜、苦瓜、番茄、茄子、辣椒及豆类、十字花科蔬菜等。

形态特征：成虫体淡黄色至黄色。头近方形，触角7节，复眼稍突出，单眼3只，红色、三角形排列，单眼间鬃位于单眼三角形连线的外缘。前胸后缘有缘鬃6根，中胸腹板内叉骨有长刺，后胸无刺。后胸盾片上的刻纹为纵向线条纹，不形成网状。翅2对，狭长，透明，周缘具长缘毛，前翅上脉基鬃7条，中部至端部3条，第八腹节后缘栉毛完整。腹部扁长，第八节背片的后缘有发达的栉齿状突起。卵长椭圆形，淡黄色。若虫共4龄，体白色或淡黄色，一、二龄行动活泼，三龄若虫翅芽伸达第三至第四腹节，三龄末落入表土，进入四龄的若虫称伪蛹，体色金黄。

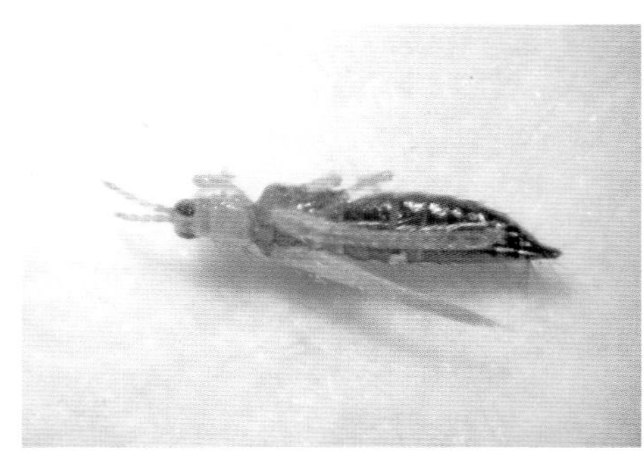

棕榈蓟马成虫

棕榈蓟马若虫及危害状

危害状：成虫、若虫以锉吸式口器取食心叶、嫩芽、花器和幼果汁液，留下锉吸状粗糙疤痕，同时产卵于细嫩组织中，造成损伤，使作物生长缓慢，被害组织老化坏死。嫩叶嫩梢受害，组织变硬缩小增厚，叶片在叶脉间留下灰色伤斑，并可连片，叶片上卷，严重时顶叶不能展开，绒毛变灰褐色或黑褐色，植株生长缓慢，节间缩短，植株矮小萎缩，发育不良或呈“无头株”。幼瓜初受害后出现畸形变小，表皮硬化变褐开裂，绒毛变黑，严重时造成落瓜。成瓜初受害后，瓜皮粗糙有斑痕，绒毛极少，或布满“锈皮”，或带有褐色波纹。冬瓜被害，瓜蔓嫩梢由黄变黑，不结瓜，或瓜皮皱缩畸形；丝瓜被害，叶片呈现花叶，瓜条粗细不均，有的似鼠尾。

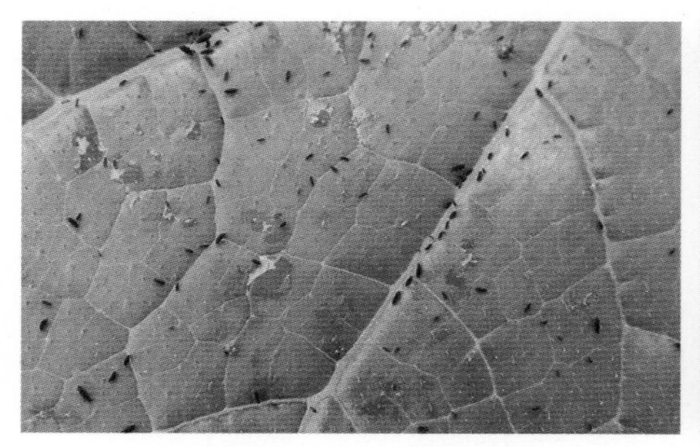

棕榈蓟马危害葫芦叶片

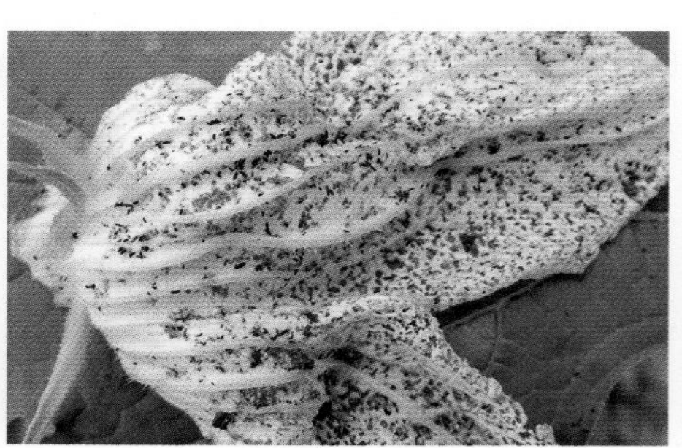

棕榈蓟马危害丝瓜花

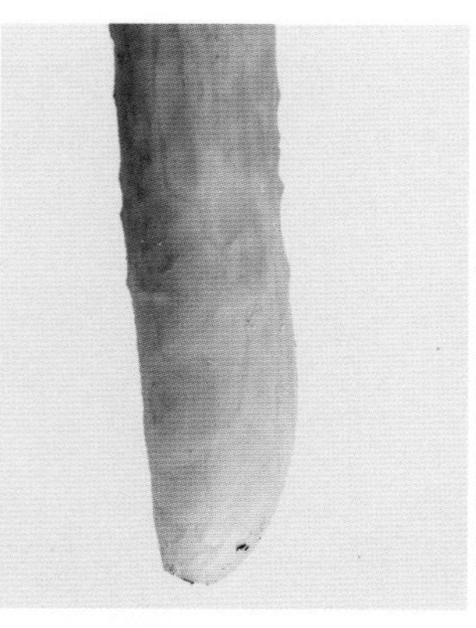

棕榈蓟马危害黄瓜

生活习性：在长江中下游1年发生10 ~ 12代，广西17 ~ 18代，广东20 ~ 21代，世代重叠严重。多以成虫在茄科、豆科、葫芦科蔬菜上或杂草、